日本はなぜ敗れるのか

——敗因21カ条

山本七平

角川oneテーマ21

目次

第一章　目撃者の記録　9
第二章　バシー海峡　35
第三章　実数と員数　71
第四章　暴力と秩序　101
第五章　自己の絶対化と反日感情　124
第六章　厭戦と対立　152
第七章　「芸」の絶対化と量　179
第八章　反省　202

第九章　生物としての人間　225
第十章　思想的不徹底　247
第十一章　不合理性と合理性　272
第十二章　自由とは何を意味するのか　293
あとがきにかえて　313

敗因二十一ヵ条

一、精兵主義の軍隊に精兵がいなかった事。然《しか》るに作戦その他で兵に要求される事は、総て精兵でなければできない仕事ばかりだった。武器も与えずに。米国は物量に物言わせ、未訓練兵でもできる作戦をやってきた
二、物量、物資、資源、総て米国に比べ問題にならなかった
三、日本の不合理性、米国の合理性
四、将兵の素質低下（精兵は満州、支那《しな》事変と緒戦で大部分は死んでしまった）
五、精神的に弱かった（一枚看板の大和魂も戦い不利となるとさっぱり威力なし）
六、日本の学問は実用化せず、米国の学問は実用化する
七、基礎科学の研究をしなかった事
八、電波兵器の劣等（物理学貧弱）
九、克己心の欠如
一〇、反省力なき事
一一、個人としての修養をしていない事
一二、陸海軍の不協力
一三、一人よがりで同情心が無い事
一四、兵器の劣悪を自覚し、負け癖がついた事
一五、バアーシー海峡の損害と、戦意喪失
一六、思想的に徹底したものがなかった事
一七、国民が戦いに厭《あ》きていた
一八、日本文化の確立なき為
一九、日本は人命を粗末にし、米国は大切にした
二〇、日本文化に普遍性なき為
二一、指導者に生物学的常識がなかった事

台湾
バシー海峡
N
南シナ海
ルソン島
フィリピン海
フィリピン
マニラ
ルバング島
ミンドロ島
オルモック
タクロバン
マナプラ
ビクトリヤス
イロイロ
ビサヤ諸島
セブ
レイテ島
バコロド
シライ
セブ島
ネグロス島
ミンダナオ島

第一章　目撃者の記録

「横井さんや、小野田さんの手記（一）、どうお考えですか」

「……」

ちょっと返事ができない。返事ができないということは、二人の手記が虚妄だという意味ではない。だがかりに今、押入れを整理していたら、三十年も前の日記が出て来たとする。何気なく読む。そのとき人は感ずるであろう、いま自分の内にある三十年前の「思い出」と、日記に書かれている当時の「自分の現実」との間の大きな差を——そしてこの差は、二十年前、否、十年前の日記にも感ずるはずである。

　ではその人のその「思い出」は虚妄であろうか。そうはいえまい。その人がいま、ある種の「思い出」をもっているということは、あくまでも事実なのだから、その「思い出」を、何の対社会的配慮もなく、思い出《い》ずるままに記したなら、そういう「思い出」を抱いているという事実は、あくまでも事実であろう。だが「思い出」は「思い出」であって、だれにとっても、それはそのまま、三十年前の「自分の現実」ではない。

　返事に窮するのは、まずこの点であって、相手の質問が、両氏の記録を「三十年間の正確な記録と思うか」の意味ならば、私の返事は「思わない」となる。しかし、それは両氏が虚妄を語っているという意味ではない。両氏のような立場におかれれば、両氏のように語る以外に方法はあるまい。「では両氏はその思い出を『思い出《い》』ずるままに語っていると思うか」と問われれば、その返事は留保せざるを得ない。だがしかしここに取材に関連する問題も介在する。だがこれは後述しよう。

　では、どのような形になれば、正確な記録になりうるであろうか。

　もしかりに、横井・小野田両氏が、昭和二十年前後に相当詳細な日記をつけ、それをどこかに埋めて忘れてしまったと仮定しよう。内地に帰ってしばらくたってからそれを思い出し、何らかの方法で再び手に入れ、それを一言一句訂正せずに公表し、その内容のうち現代人に理解できない部分や情況は、註《ちゅう》や解説の形で読者が納得するまで説明する、いわば当時の自分の状態と現在の自分の状態の間に立って自ら通訳するという形をとったと仮定しよう。

　もしそれができたら、おそらくそれが、現在われわれが読みうる最も正確な記録であろう。では、そういう記録があるであろうか。ある。私は、故小松真一(二)氏の『虜人《りょじん》日記』に、それを見出したのである。

　前々号の本誌〔角川書店刊『野性時代』一九七五年二月号〕で林屋辰三郎(三)氏が「私は、常に、歴史資料は、『現地性』と『同時性』という二つの基準に照らされなければならないと考えます。文献ならば、それが、その場所で書かれたものかどうかということ、これが『現地性』です。そして、その時に書かれたものかどうかということ、これが『同時性』です。このX軸とY軸の二つの軸で判定して、その基準に近づけば近づくほど、史料として価値が高いということです」と記されている。

この基準は、現代史にもそのまま適用できるであろう。従って横井・小野田両氏の記述は「現地性」はあるが、現代史の基準としては、戦争中と戦争直後の部分に関しては、「同時性」がうすいと言いえよう。

だが問題はそれだけではない。現代史ではこのほかに、生存する関係者への配慮や、政治・経済・外交上の要請から、資料に意識的な改変は加えられていない、という保証も必要である。政変のたびに改変される〝党史〟は、現地性と同時性はもっていても、否、もっていればいるほど、その信憑《しんぴょう》性には疑問をもたざるを得なくなる。またたとえそれほどでなくとも、その現代史の中の一員としてその社会に生きている限り、人は、対人関係・対社会関係の完全な無視はむずかしい。従って、時勢への配慮とそのための意識的無意識的迎合があっても不思議ではないわけだが、この点において、それが皆無なのがまたこの『虜人日記』なのである。——なぜそう断言できるか。著者の成り立ちがそれを示しているからである。

著者の小松真一氏は軍人ではない。氏は、陸軍専任嘱託(四)として徴用《ちょうよう》され、ガソリンの代用となるブタノールを粗糖《そとう》から製造する技術者として、敗色が濃くなった昭和十九年一月、比島《ひとう》（フィリピン）に派遣を命ぜられ、結局、われわれと同様の辛酸を舐《な》めて、終戦を迎えたのであった。本書の「序」には、次のように記されている。

序

昭和二十年九月一日、ネグロス島サンカルロス（五）に投降してPW（捕虜）の生活を始めて以来、経験した敗戦の記憶がぼけないうちに何か書き止めておきたい気持を持っていたが、サンカルロス時代は心の落ちつきもなく、給与も殺人的であったので、物を書いたりする元気はなかった。レイテの収容所に移されてからは、将校キャンプで話相手があまりに沢山あり過ぎて落ちついた日がなく、書こう書こうと思いながらついに果さなかった。

幸か不幸かレイテの仲間から唯《ただ》一人引き抜かれて、ルソン島に連れて来られ、誰一人知った人のいないオードネル（六）の労働キャンプに投げ込まれた。

話相手がないので、毎日の仕事から帰って日が暮れるまでの短い時間を利用して、記憶を呼び起こして書き連ねたものである。

この序文に、人は何の感動もおぼえないであろう。だが、当時、「書く」ということは、大変なことであった。

第一、紙もなければ筆記具もない。どこを探しても、一冊のノートも一瓶《ひとびん》のインクもない世界である。氏は、その書写材料をどうやって入手したか記していないが、手製の八冊のノートを手にしただけで、私には、労働キャンプでこれだけのものを作ること自体が、どれほど大変な作業であったかを、思わざるを得なかった。

表紙は、米軍の梱包《こんぽう》用の部厚いクラフト紙、中はタイプ用紙である。この紙がよく入手できたと思う。カランバン第四収容所で私の隣りにいたKさんは、トイレットペーパーを四枚かさねて、その上に、エンピツでソーッと書いて、戦犯裁判に備えるメモを作っていたのだから。

八冊とも、きれいな和綴《わとじ》である。だがこのとじ糸は、元来「糸」ではない。カンバスベッドのカンバスをほぐして作った糸である。日常生活で、紐《ひも》や糸がどれほど決定的な必需品かわれわれは意識していない。従ってそれがなくなってしまった生活は想像できないであろう。カンバスベッドは、そういう情況下では、大変に有難い糸と紐との〝原料〟であった。いくつかのベッドが秘《ひそ》かに処分されてそのために消え、同時にその脚は、後に、マージャンパイの材料やパイプになった。

小松氏は鉛筆は持っておられたらしい。だがこの日記に豊富に出てくる巧みなスケッチの色彩は、絵具ではない。殆《ほとん》どが、収容所の医務室から手に入れた薬品である。マラリヤの薬のアデブリン錠を水で溶いた「黄」、マーキロが「赤」、また皮膚病の化膿《かのう》に使われた色素剤が濃紫色、さらにこれらの〝原色〟を混ぜて、さまざまの色がつくられた。当時、これらの〝絵具〟は大いに活用され染料にもなった。収容所生活も末期になると、ダンボールを切って白紙をはり、その上にこの〝絵具〟で図柄を描いたトランプや花札が現われ、この〝染料〟で染めた着物を着た〝女形〟が、演芸会の舞台上で「お宮」を演じていた。兵士にはあらゆる職業人がいる。従って、それらに携わった多くの人は本職であった。

本書は、まずその材料が、その内容の「同時性」と「現地性」を余すところなく証明している。この点、昭和五十年に東京で印刷された記録とは、その価値が違う。従って比較すること自体が、はじめから無意味かも知れない。だが現代史資料は、前述のように、それだけでは必ずしも正確ではない。

〝終戦〟は単に日本が戦争に敗れたというだけでなく、一つの革命だった。昨日までの英雄は一転して民族の敵となった。同時にすぐさま新しい独裁者が、軍事占領に基づく絶対の権威をもって戦後〝民主主義〟を推しすすめていた。従って当時の多くの人の記述に見られるのが、新しい時代に順応するための自己正当化の手段としての、過去の再構成である。それは時には自己の責任を回避するため、一切を軍部に転嫁し、これを徹底的に罵《ば》倒《とう》するという形になったり、自分や自分の所属する機関を被害者に仕立てるという形になっている。

ある大学は軍部に追われた教授を総長に迎えた。軍部に追われたというが、実際は、彼を追い出したのは大学である。しかし、その大学がその教授を総長に迎え、大学自体をその総長と同定することによって、自分の過去を再構成し、あたかも大学自体がその総長同様に被害者であったかの如き態度をとって、そのまま存続した。同じことをした言論機関もあるが、もちろんこの傾向は、あらゆる機関から家族・個人にまで及んでいる。

こういう場合、その大学や機関等の記す「戦中史」や「回想記」は、たとえ、「直後にその場」という「現地性」と「同時性」を備えていても、信頼できる歴史でも記録でもない。否、むしろ、最も信頼に値しないものの一つであろう。

この点『虜人日記』は、まさに稀有《けう》な状態にあるといえる。氏は軍に所属し、従ってその内部でつぶさにその実状に接していながら、軍隊という組織に組み込まれていない特異な地位にある技術者であった。従って組織への配慮、責任の回避、旧上官・旧部下・同期生・軍関係学校たとえば中野学校(七)の先輩後輩といった関係等への思惑《おもわく》、部下の戦死に対する釈明的虚偽や遺族のための〝壮烈な戦死〟という名の創作等々からすべて解放されている。

同時に氏は、内地の情況を全く知らなかった。中心的なカランバン収容所でさえ、内地のことは殆どわからない。まして地方のオードネル労働キャンプでは、内地情報は一切不明と言ってよい――この点は後述するが。従って、内地の変化を先どりして、それをもとにして過去を記すといったことは、氏の場合は起りえない。またアメリカの労働キャンプには、ソヴェト式の思想教育は皆無であったから、〝民主的観点〟から事を曲げて書く、ということも起りえない。

この状態は私の『ある異常体験者の偏見』でも触れたが、一種の短い空白期間ともいうべき、非常に面白い時間――そして、比島の収容所の人間だけが味わったと思われる時間であった。

思考への圧迫は一切皆無、軍部的圧迫はもちろん、アメリカ民主主義的圧迫もない。そこには、「お前はかく考えねばならぬ」という思想的権威が皆無の世界であった。

軍国主義は消えた、しかし「民主主義者になれ」と強制されたわけではない。従って、そういう擬態も必要でない。軍国主義の絶対化が消えたという以外では、過去はそのまま存続しており、人びとはごく普通に、軍国主義なき時代の普通の日本人がもつ伝統的常識でごく自然に対象を見た一時期である。新しい「タテマエ」も、その「タテマエ」を表象する「民主日本」とか「文化国家」とかいったスローガンも、そのスローガンを戦争中同様に騒々しく〝奉唱〟し強制する言論機関も、何もなかった。

第一、新聞もテレビもラジオもなかった。そして小松氏は、この位置で、まだ過去とは言えないほど身近な過去とそれにつづく現在を、そのままに見、そのままに記しているのである。

先日、小松真一氏の御子息にお目にかかったとき、氏は次のような意味のことを言われた。――自分は戦争を知らない。そしていま、ちょうど父がこれを書いたとほぼ同じ年齢になった。そしてこれを読んで、少しも違和感がない。あの情況で、あのような状態を見たら、こういう見方をし、こういう感じ方をするであろうと思われる通りのことが書かれている、と。

本書を読めば、おそらくすべての人が、同じようなことを感ずるであろう。一体これは何を意味しているのであろう。厳密にいえばこれは、「戦前」(終戦前)とはいえないが、「戦後以前」に、戦争について書かれた本であり、「戦後」の影響が皆無の記録なのである。これは、われわれの常識とそれを基礎づける基本的価値判断の基準が、戦前も戦後も変わっていないことを示しているであろう。

そして本書が提起している一つの問題は、なぜその常識を基準として国も社会も動かず、常に、〝世論〟という名の一つの大きな虚構に動かされるのかという問題である。これは戦前だけのことではない。日中復交前に本多勝一記者の『中国の旅』がまき起した集団ヒステリー状態は、満州事変直前の『中村震太郎事件(八)』や日華事変直前の『通州事件』の報道がまき起した状態と非常によく似ているのである。

こういう場合、「常識」は発言できない。それでいて常識はつねに変らず厳然と生きている。横井・小野田両氏がすぐに現在の社会に適合できたとて、このことを考えれば、少しも不思議ではない。

ではそれでいてなぜ二人は、虚構の〝非常識〟の世界に生きつづけていたのか。だがそういう生き方は、戦後の日本の内地にも、形を変えて生きつづけているであろう。本書は、これを解く一つの鍵《かぎ》と思うが、しかし話が先にすすみ過ぎたようである。この問題の探究は一先《ひとま》ず措《お》き、ここでまた『虜人日記』出現の経過に戻ろう。

小松氏は日記を書いた、だがそれは、それをそのまま日本に持って帰れるということではない。〝原則〟を口にすれば、その書写材料はすべて「正規に入手」したものでないから、米軍はいつでもこれを没収できる。だが米軍はソヴェト・中国軍とは違って元来、こういうことに寛容であった。従って私は、由紀夫人のまえがき「編集にあたって(九)」の冒頭に、

「夫　真一がフィリッピンでの抑留生活から解放されたとき、米兵に没収されないようにと、骨壺《こつつぼ》

に隠して持ち帰った日記がございました。人生の最も忌まわしい思い出を記したこの大戦の記録は、戦後ずっと銀行の金庫に眠らせたままでおりました……故人は生前、戦争体験をほとんど私共家族に話してくれませんでしたので、初めて知った夫の体験や考えに、胸の詰る思いの連続でございました……」

とあるのを読んだとき、小松氏が内心で恐れ、骨壺にまで隠させた「本書を没収しそうな相手」が、一体米軍なのかそれとも日本人だったのか、私は少し気になった。

もちろん氏の内心は推し量ることができない。そして氏が「没収されないように」と言えば、米軍以外は念頭に浮かばないのが常識であり、この際、「日本人」が念頭にのぼるのは、私たち体験者だけであろう。常識は、はじめから日本人を除外する。

だが私のこの気がかりは、本書四巻（二〇）の巻末にある次の許可証を見たとき、単なる気がかりとは言えない現実味をおびてきた。

常識で考えれば、米軍将校が持出許可証を発行した以上、堂々と大っぴらに持って帰れるはずである。

だがおそらく小松氏は、この米軍の下で働く日本人、いわば、虎の威を借りて、同胞の日本人を米軍以上に苛《か》酷《こく》に扱う木っ端役人的日本人に、戦友の遺品まで強制的に捨てさせられたという話を、耳にしたか、自らそれと似た体験をしたかの、いずれかであったのであろう。氏を用心深くさせたのは、おそらくそれである。

というのは、このことは、収容所ではだれ一人知らぬ者のない、周知の事実であった。氏は復員船で名古屋に上陸された。そしてその状態が、私が上陸した佐世保《させぼ》の外港の南風崎《はえのさき》と同じであったら、氏の用心は決して無駄ではなかったのである。

終戦時、氏が収容されたのはネグロス島サンカルロスであり、この点、ルソン北端のアパリに収容されて地獄船でマニラに送られ、真夜中に豪雨の中を無蓋《むがい》貨車とトラックでカランバン第一収容所へ送られた私と同一ではない。従って収容時の体験が私と同じかどうかわからないが、氏は後にカランバンに移されたから、私たちの体験は耳にされたであろう。

私のそれは昭和二十年九月十六日(?)の深夜であった。元来は砂糖キビを運ぶために作られたという単線の、鉄道の駅舎もない無灯火の駅に、私たちは降ろされた。

駅名も何もわからず、プラットホームらしきところから降りれば、一面の泥濘《でいねい》である。暗闇で泥に足をとられつつ、骨と皮、半裸で裸足《はだし》という大群が、声もなく、ただ前の人間の歩く方へと歩く。雨は遠慮なく降り、視界はゼロ。何か悪夢の中を歩いているような状態であった。遠くから数台の車のライトが見え、やや人心地を取りもどしたと思っているうちに、ライトはみるみるうちに近づき、目の前でぐるりと半転し、私たちに背を向けて並んだ。いつしか急造の軍用道路のわきまで歩いて来ていたのである。

黒い影のような人びとが、無言で順々に、軍用トラックに満載されていく。車は泥濘の道を、おそろしく乱暴に走る。真暗な中に、前方に灯火が二つ見え、近づいてみるとその灯火は、大きな台の上にそそり立つ高い柱の上の、巨大な電灯であった。

何やら絞首台とも鳥居ともつかぬ形態のものが、ぽかっと闇に浮き出ている。車から降ろされ、雨の泥濘の中に四列に並んで座らされた。何やら声が聞こえるが、意味はわからない。

突然、滝のような音がした。あの鳥居のようなものはシャワーで、二つの柱の間の高い横木は、四か所から、滝のように水を放出していた。ライトに水がキラキラ光る。不意にそのキラキラが消え、消えたと思ったらまた見える。四人ずつ順次に裸でシャワーをあび、シャワーを通過した形で向う側の闇へと消えて行く。これは、衛生と完全武装解除をかねた入所式のようなものだったのであろう。裸にされては、手榴弾《てりゆうだん》を隠し持っているわけにいかない。

やがて私の番が来た。完全裸体、ただし私は、一枚の軍用毛布ははなさなかった。多くの部下がこの毛布の上で息を引きとった。到るところにべっとりと血がこびりついている。遺品も遺骨も何一つ内地へ持って帰れないので、せめて部下の血のついたこの毛布だけはもって帰ろうと考えていた。

そのとき、米軍のゴムびきレインコートを着た一人の男が私に近づき、その毛布を捨てろといった。彼は日本人であり、戦争終結前の捕虜であった。私は頑として拒否した。押問答がつづき、撲《なぐ》り合いになりそうな険悪な状態になった。そのため、四列のうち私の列だけ進まない。不審に思ったらしく米兵が来た。私は裸のまま、下手な英語で手短《てみじか》に事情を説明した。彼は簡単に「OK、ゴーヘッド」と顎《あご》をしゃくってシャワーを示した。私は毛布を抱いたままシャワーを通過した。

この毛布は今でもある。私は幸運だったのだろう。このときもし米兵が来てくれねば、おそらくこの毛布は闇の中に消えていたと思う。というのはこのとき私と前後してシャワーの関門を通過したアパリ気象隊のN少尉は、うまくいかなかったからである。

彼の部下のU軍曹は、七月二十日（?）、食料の探索に出かけてゲリラに射殺された。その直前、ジャングルの出口で私は彼に会った。急を聞いてN少尉が部下とともに現場に駆けつけたときは、ゲリラはすでに撤退し、U軍曹の死体だけが残っていた。

とはいえ死体収容に来たら、そしてそれが小人数だったら全滅させようと、伏兵がひそんでいる可能性はある。U軍曹は元来は中小企業の社長で、立派な鰐皮《わにがわ》の財布をもっていた。N少尉は、遺髪を切り取り、それをその財布に入れ、遺体はそのままにしてジャングルにもどった。当時の情況ではこれが精一杯であり、遺体に気をとられていては、生きている部下を殺してしまう。

彼はこの財布を肌身離さず持っていたのだが、このシャワーの関門で、強制的に捨てさせられた。内地に帰るとすぐに、彼はありのままを手紙に記して、遺族に送った。遺族は激怒した――一体それで隊長か、部下への責任を果したといえるか、射殺された、遺体は捨てた、遺髪と遺品はもっていたが捨ててしまったとは。一体なぜ捨てた、そんな無害なものを捨てさせられるはずはあるまい、言い逃れをするな。手紙ではわからぬ、釈明に来い――といった返事が来た。

何よりも遺族を怒らしたのは「遺品と遺髪を捨てた」という言葉だったらしい。彼は結局、遺族のところへ行かなかった。三十年たっても彼は言う「行けませんよネ、行ったたってどうにもならない。あの状態は話したって、わかるはずがありませんよ」。彼は英語が出来なかった、そして「米兵という助け主」も現われてくれなかったのである。

捨てる必要のないものまで強制的に捨てさせられた、という体験は、収容所内のすべての人がもっていた。乗船で、あるいは内地上陸で、同じ状態が再現しないという保証はどこにもない。そして私の場合は、確かに南風崎で再現した。

復員船の中で、旧日本軍の冬服を支給された。そして、上陸と同時に、米軍に支給されたもの、米軍の資材等を加工したもの等は、すべて捨てるように命令された。理由は、米軍の品を日本人がもっている場合、それはすべて盗品か横流し品と認定されて軍事裁判にかけられるから、ということであった。あとでMPの検査があるといわれた。もちろんこれは「おどし」で何もなかったが、しかし、せっかく内地に帰ってまた米軍の収容所などに入れられてはたまらないという気持になるので、私などは、全部捨てた。

小松氏のノートは厳密にいえば、米軍の資材を加工したものになる。もちろん米軍はそんな細いことはいわない。しかし、その下にいる日本の〝お役人〟は何を言うかわからない——現地では、米軍の支給品をもつことは当然でしょう。しかし内地では〝進駐軍の命により〟それは許されません。現地の米軍の持出許可はあくまでも持出許可であり、内地への持込みの許可ではありません。問題が起るとこまりますから、その日記は放棄して下さい——。

お役人の言葉はおそらくこうだが、しかし彼が日本人なら骨壺の中はあけては見ない。小松氏の念頭にあったのは、おそらくこの危惧《きぐ》であったろう。そして、その危惧は、持つのが当然であり、おそらく、持ってよかったのである。

なぜこの種の人たちは外国の権力を笠《かさ》に着ると、あれほどまで同胞に横柄《おうへい》かつ冷酷になれるのであろうか。これは外来思想の権威を笠に同胞を見下す〝知識人〟の小役人的表現なのかも知れない。従って、もしこの二つが一体化したら、いわば〝社会主義的権威〟の下、ソヴェト・中国の権力下に政府が出来たら、その末端の小役人がどのように庶民を扱うかを彷彿《ほうふつ》とさせる光景である。そしてその原形はすでに、収容所に出現していたわけである。後述するが、小松氏は、それらについて別のさまざまの例を詳細に記している。だがここではもう一度、「序」と「まえがき」にもどろう。

一体小松氏は、いかなる動機でこの『虜人日記』を書いたのであろう。人が何かを書く場合、必ず動機があるはずである。

横井・小野田両氏の場合も何らかの動機があったであろう。だがその動機が何であれ、小松氏のように「経験した敗戦の記憶がぼけないうちに何か書き止めておきたい気持」いわば、時間とともに流れ去り消え去っていくものを文字に固定してつなぎとめておこう、という気持でなかったことだけは確かである。もしそういう動機が両氏にあれば、小松氏のように、苦心惨憺《さんたん》して書写材料を自ら創作しても、終戦直後のことを書き留めておいたはずである。

二人の動機は小松氏と違い、その動機の中にすでに読者が想定されている。だが小松氏にはそれがない。これが両氏と小松氏の動機の違いであり、その違いは結局、その内容の決定的な違いとなっている。

といっても、由紀夫人の「編集にあたって」には「いつか出版したいと思っていたようでございますが、遂《つい》にその機会を得ないまま……」とある。従って小松氏に、出版の意図が全くなかったとはいえない。だがこのことは、その動機の中に読者を想定することとは別なのである。ではそれは、どのように違うのか。

前に「……その返事は留保せざるを得ない」と書いたのはこのことである。

前述のN少尉は、U軍曹の戦死の情況を遺族に書き送った。従って、N少尉の念頭に遺族がなかったとはいえない。しかし手紙を見て遺族が激怒した。もし彼がその要請に応じて釈明に行ったらどうなるか。簡単にいえばこのとき彼は遺族を意識し、遺族の取材に応じたわけである。そしてこのときの意識と、はじめて手紙を送ったときの意識ははっきり別であり、遺族を意識しているから両者は同じだとはいえない。これが前述の「違い」である。

後者は、遺族の頭の中にある「予定稿」を意識しているのである。そしてそこへ行けば、たとえN少尉が一言の虚偽も口にしなくとも、相手は、自分の予定稿に適合した部分しか取材せず、自分の予定稿の裏づけの言葉しか聞こうとしない。従ってそこにあるものは、対話の如くに見えながら、実は、遺族の独白にすぎないのである。

人はこの場合どうすべきか。予定稿に組み込まれ、はみ出した部分は捨てられることを覚悟して、何か言うべきか。それともN少尉のように沈黙で押し通すか。私はここで、『月刊エコノミスト』

〔一九七四年一二月号〕に載った田原総一朗氏の「わたしのアメリカ」の中の「ベトナム帰還兵」からの取材の状況を思い出さざるを得ない。大分長いが次に引用させていただく。

帰還兵たちは、わたしたちを取り囲むようにカメラの周りに集まって来た。わたしは、手あたりしだいに彼らの一人一人にマイクを向けて言った。

——あなたはベトナムに行っていましたか？

「行っていた」

海兵隊の帽子をかぶった兵隊だった。

——ベトナムで何をしていましたか？

「ヘリコプターで運ばれて、裏面にまわって敵をやっつけた」

——何人ぐらい殺した？

「よく憶《おぼ》えていないし、言いたくもない。(中略)……」

隣には長髪にひげを生やした男がいた。

——あなたもベトナムに行ってましたか？

「陸軍の作戦に参加した」

——あなたの役割は？

「機関銃を撃っていた。チライというところの戦闘では五十メートルぐらいの距離で敵と撃ち合ったことがあった」

——何人を殺したか？

「よくはわからないが、五、六人には当たったように思う」

——あなたもベトナムに行っていましたか？

「行っていた」（中略）

——直接戦闘は？

「答えたくない。ただ、そのときは何かを感じる余裕もなかった。いまでは、もちろんよくないことだと思っている」（中略）

終わりまで聞かずにわたしはその兵隊の前を離れた。何人かの帰還兵の話を聞きながら、わたしはいらいらしはじめていた。

帰還兵たちはわたしの質問に何の疑問もはさまずに、実に素直に答える。しかもその答えは、まるで口を合わせたように、直接の殺し合いの話になると、よく憶えていない、話したくない、殺したかも……と言葉をにごし、最後に、そのときは悪いと思っていなかった、判断するゆとりさえもなかったが、いまでは……とくる。まるでパターンだ。どれもがもっともらしい言い逃れのパターンである。

本当は人間を殺すときに人間は何を思うのか、殺しの手応《てごた》えとはどういうものなのか。たてまえではない、良心ぶった弁解ではなく、もっと本音が聞きたい、本音が出ないのは、逆にいえば殺人、殺戮《さつりく》と向かい合う、自分がかつてやった行為と向かい合うのを避けている、逃げている、ごまかしていることではないのか、と、わたしは、しだいに露骨に挑発的に、まるで喧嘩《けんか》を売るように帰還兵たちに言葉をぶっつけていった。

「人を殺すのは本当に悪いことなのか」「ベトコンのほうだって殺人をしているじゃないか」「なぜ、ベトナムの戦場では殺人が、戦争が悪いとは思わず、さんざん人殺しをした後で、悪かったなどと言ってみせるのか」「つまりは、あなた方は、自分の行為の免罪符を得ようとしているだけではないのか」

そのときだった。ひとりの男が割り込んで来て、いきなりマイクをひったくろうとした。録音担当の安田哲男はデンスケを担いだまま路上に転び、カメラマンの宮内一徳はカメラをまわしながら、逆に男に接近した。

「何のためにフィルムを撮《と》るんだ。誰に断ったのか」

男は大声で怒鳴り、腕をふりあげて宮内カメラマンのほうに向かう。何人かが、男に同調して、「ジャップ、取材をやめろ」と叫ぶ。（中略）

「お前ら日本人には話す必要はない」

——なぜだ。わたしたちが東洋人だからって馬鹿にしているのか。

「無責任な野次馬だからだ。日本人はベトナム戦争を高見の見物で、そのくせごっそりと特需でもうけている。ベトナム戦争をくいものにして、さらにフィルムに撮って商売しようっていう魂胆なのだろう?」

確かにこの記者の言っていることは御立派なのだ。全くやりきれないほど御立派なのだ。もちろん取材をうけているのは私ではない。しかしこれを読んでいるうちに、私はいつしか自分が取材をうけているような妙な気持になってきた。

「どれもがもっともらしい言い逃れのパターンである」と記者は断定している。「言い逃れ」、一体「言い逃れ」とは何を意味しているのだ。これは、U軍曹の遺族がN少尉に言った言葉だ。だが、これも結局は記者の「予定稿」にはまらないということであって、兵士は、N少尉同様、一言も言い逃れなどはしていない。この兵士の言い方は、確かにN少尉の言い方である。最も正直な言葉なのだ。

一体この記者は、兵士が何と言えば、「言い逃れでない」と認めるつもりなのか! もしもある兵士が、もっと巧みな言い逃れ、すなわち相手の予定稿通りのことをいえば、この記者はそれを「言い逃れでない」と認めるであろう。それはU軍曹の遺族が要求したことだ。常にくりかえされるこの同じこと――N少尉が、遺族を訪れて「最も巧みな言い逃れ」をやれば、相手はそれに満足し、「言い逃れでない」と感ずること。だが相手がそう感じたということは、対話が成立したことではない。否、逆であって、両者の間が決定的に断絶したということなのである。常に起るこのやりきれない光景。

だが私は、遺族だけはそれが許されると思っている。しかし、それ以外の一体だれに、こんなことを断定する権利があるのだ。

この取材者は、「戦場におかれた兵士」というものを正確に掴《つか》んでいるのか。掴んでいない。それさえ掴まずに勝手な断定をするとは。一体なぜ、まず戦場の兵士の実態を謙虚に取材しようとしないのか。

一人の人間が前線に置かれる。彼の視界は、快晴の日中に平滑地で三百メートル、雨天・曇天・朝夕には、せいぜい百メートルである。しかもそれが最大限であって、戦闘となり、ピタリと地面にはりつけば視界は前方のみで十メートルもない。見えないのだ、その見えない人間に、何を聞いても答えられるはずがないではないか。

取材者は「何人ぐらい殺した」「何人殺した」と執拗《しつよう》に取材している。全くばかげた質問だ、戦場の兵士に、そんなことがわかるはずはない。第一、五メートルも離れていない隣の兵士の戦死の情況だって、正確にはわからない。わからないことはわからないのだ、それを正直に言うことが、なぜ「言い逃れ」なのか。一体、どういう嘘をつけば、言い逃れでないと認定してくれるのか。

戦場では殆ど――特に第一線で戦闘状態にあれば――新聞・ラジオ・テレビといった情報源は全くない。そこにいる兵士は、最大限五百メートルの視界と、戦場をうずまくさまざまなデマ、あらゆる種類の伝聞の中にいる。一兵士は戦場ではそのように、徹底的に遮断され、何もわからない状態におかれている。少し冷静に考えれば、この『月刊エコノミスト』の取材者の言葉が、いかにばかげきったものであるか、だれにでもわかるはずである。

U軍曹は私の前方約二百メートルぐらいのところで射殺された。また親友であったI少尉は私の前方百メートルぐらいのところで射殺された。しかし私は、二人の「死んだ瞬間」の情況を知らない（聞かないとは言わないが）。この私が、もし、この二人の前方さらに百メートルか二百メートルのところにいる米比軍を、「何人殺した」とか「何人射殺した」とか言ったら、それは私が嘘をついたにきまっているだろう。

では私のところは後方の安全地帯だったのか。もちろんそうではない。現代戦、特にジャングル戦は戦線が犬歯状に入り組むから、敵は、前にいるのか横にいるのかわからない。もちろん私のところにも弾丸はとんでくる。だが発射音は一瞬であり、その瞬時の音から、相手の射撃位置を的確につかむことは、簡単ではない。内地から来たばかりの兵士が逆方向に伏せ、敵に足を向けて銃をかまえるといった珍現象は少しも珍しくない。そして時にはあわてて反射的に広射する。またたとえ一瞬目標らしきものが見えたとて、射った兵士には何もわからない。

近代戦では敵影は見えない。そんなわかり切ったことを今でも知らない人がいると会田雄次先生が言われたが、この取材者もその「わからず屋」の一人なのであろう。このような状態で、兵士にこういった取材をして、一体何を聞き出そうというのだろう、どういう予定稿をうめたいというのだろう。兵士は正直に答えているではないか。「よく憶えていない」「よくわからない」そして「言いたくない」と。私だって、こういう取材には、これ以外に答えようがない。

一体これがなぜ「言い逃れのパターン」なのだ、どこが「もっともらしい」のだ。一体この記者はなぜそう断定するのだ、理由を聞かしてもらいたい。

もっとも「予定稿」をもっているのはこの記者だけではない。横井さんが出てくればすぐ「戦陣訓(一二)」という予定稿が出され、小野田さんの生存が確認されればすぐ「天皇が直接声をかけたら……」という予定稿が出てくる。

では一体この記者が、横井・小野田両氏を取材したらどうなるか、結局二人の言葉はすべて予定稿に組み込まれ、入らない部分は「言い逃れ」の一言で捨てられてしまうであろう。そして二人が、事実を語れば語るほど「言い逃れ」だとか「もっともらしい」という言葉で棄却されるに違いない。これが私のいう予定稿以外は捨ててしまうという意味である。

戦争には、行動のほかは、「見」と「聞」しかない。そして個人の「見」の範囲は、前述の通りである。従ってもし「見」だけを記せば、それは、一兵士という移動する「点」の周囲の三、四メートルに限られる。それ以外のことは彼は「知らない」し「わからない」。従ってそう答えるのが正直であり、何度でもいう、これは「言い逃れ」ではない。

N少尉は部下のU軍曹の戦死の情況は「知らない」。知らないから知らないとしか言えない。彼は部下から報告をうけその現場へ向っただけである。従って、そのときの細部は「わからない」。わからないから、彼はわからないと言っただけである。だがそういえば、一方的に「言い逃れ」と断定する。そして戦場の「見」は、比島の如く四十数万が短時間で死体になったとて、大体これが普通である。

一体この取材者は、どういう前提で兵士に質問を発しているのであろう。「殺しの手応え」などというものが戦場にあるはずはないではないか。ない、ないから戦争が恐しいのだ、なぜ、そんなことがわからないのか。これはおそらく、戦争中から積み重ねられた虚報の山が、全く実態とは違う「虚構の戦場」を構成し、それが抜き難い先入感となっているからであろう。

戦場の「見」の範囲がどれだけかということ、射った弾丸の正確な行方などは、内地の三百メートル実包射撃でだって、射手には判定がつかないのだということ、まして戦場ではそんなことは皆目わからない。さらに敵が倒れるなどという光景は、すべての兵士が地面にへばりついている近代戦では、はじめから起りえないぐらいのことは、ちょっと調べれば、だれにでもわかるはずだ、また一見そう見える場合も、耳元を銃弾がかすめたので、あわてて、伏せたにすぎない場合もある。否、これが殆どだ。――それをしないで、予定稿に適合する言葉を無理矢理〝取材〟しようとする。

そして『虜人日記』は、こういう状態とは、全く無関係であり、従ってここには、「見」の範囲が明確に出ているのである。

では「聞」はどうか。N少尉にとってU軍曹の戦死は「聞」であって「見」ではない。確かに彼はその遺体を確認したから、「遺体」については「見」である。一方私にとっては両方とも「聞」である。そして「聞」であるという点では、遺体から二、三百メートルのところにいた私も、遠く内地にいた家族も、実は、同じなのである。人びとが錯覚を抱くのはこの点である。

とはいえ両者は同じではない。私にはN少尉の言葉がそのまま理解できるが、遺族にとっては理解しかねる「言い逃れ」だという点である。

「言い逃れ」と言われてどうするか。N少尉のように沈黙で押し通すか、「ジャップやめろ」と叫んで暴行をするか――多くの人は、否、少なくともわれわれ日本人は、どちらもせず、相手の常識という予定稿と「なれ合う」のである。そしてそれを「対話」と呼ぶ、実は、遮断であるのに。

そして『虜人日記』にはそれがない。「見」にそれがない如く「聞」にもそれがない。読者もしくは読者を代表する取材者との「なれ合い」は皆無である。そして「見」と「聞」を、実に正確に書きわけている。これは同氏が化学者で、その観察が必然的に科学的になったのだとも思えるが、おそらくはそれよりも、うすれ行く記憶を出来うる限り正確に書き留めておこうとする著者の、いわば、邪心なき意図のたまものであろう。

ヒストリアというギリシア語は通常「歴史」と訳されるが「目撃者の記録」という意味もある。その意味で本書はまぎれもなきヒストリアである。そして著者はもうこの世にいない。その意味では本書は、一点一画の改変も許されない「遺書」である。

本当に対話が成立しうるのが、このような「言い逃れ」のない真正のヒストリアであり、私は本書を開けると、やっと一つの真実に会えたように思えて、一種、ほっとしたような安らぎをおぼえるのである。

注一　終戦から二六年半もグアム島に潜伏していた横井庄一・元陸軍伍長と、同四九年二月に、発見された小野田寛郎・元陸軍少尉。
注二　明治四四（一九一一）年、東京生まれ。大蔵省（現・財務省）醸造試験所などを経て、昭和一四年に台東製糖（台湾の台東に本社）に入社。同社の無水酒精工場・工場長を務めていたが、昭和一九年一月、陸軍専任嘱託を命ぜられ、フィリピンに渡る。終戦で米軍の捕虜となり、その抑留生活のなかで綴ったのが『虜人日記』。復員後、北日本蒸溜酒業者原料購買協同組合の専務理事などを務め、昭和四八（一九七三）年に六一歳で逝去。
注三　歴史学者。
注四　徴集された兵ではないが、軍に動員されて特定業務に携わる者。軍属。
注五　ルソン島の南、ミンダナオ島の北にあるのがネグロス島で、その西海岸にあるのがサンカルロス。
注六　ルソン島マニラの西北一〇〇kmほどの地。
注七　昭和一三年七月に、陸軍参謀本部管轄下の機関として設立された学校。
注八　満州事変直前の六月に、満州奥地を調査中の中村震太郎大尉と井杉延太郎曹長の二人が、何者かに殺された事件。
注九　『虜人日記』は、最初、由紀夫人の編集により、私家版として昭和四九（一九七四）年一月一〇日に発行された。翌五〇年六月三〇日に筑摩書房版『虜人日記』の発行、となった。
注一〇　私家版のほうの『虜人日記』。
注一一　憲兵（軍隊内の警察）。ミリタリー・ポリスの略称。
注一二　昭和一六（一九四一）年一月八日、当時の陸軍大臣・東条英機によって布達された「皇軍道義の高揚」をはかるための勅諭。

第二章　バシー海峡㈠

一

故小松真一氏が掲げた敗因二十一ヵ条は、次の通りである。

日本の敗因、それは初めから無理な戦いをしたからだといえばそれにつきるが、それでもその内に含まれる諸要素を分析してみようと思う。

一、精兵主義の軍隊に精兵がいなかった事。然《しか》るに作戦その他で兵に要求される事は、総《すべ》て精兵でなければできない仕事ばかりだった。武器も与えずに。米国は物量に物言わせ、未訓練兵でもできる作戦をやってきた

二、物量、物資、資源、総て米国に比べ問題にならなかった

三、日本の不合理性、米国の合理性

四、将兵の素質低下（精兵は満州、支那《しな》事変と緒戦で大部分は死んでしまった）

五、精神的に弱かった（一枚看板の大和魂も戦い不利となるとさっぱり威力なし）
六、日本の学問は実用化せず、米国の学問は実用化する
七、基礎科学の研究をしなかった事
八、電波兵器の劣等（物理学貧弱）
九、克己心の欠如
一〇、反省力なき事
一一、個人としての修養をしていない事
一二、陸海軍の不協力
一三、一人よがりで同情心が無い事
一四、兵器の劣悪を自覚し、負け癖がついた事
一五、バアーシー海峡の損害と、戦意喪失
一六、思想的に徹底したものがなかった事
一七、国民が戦いに厭《あ》きていた
一八、日本文化の確立なき為
一九、日本は人命を粗末にし、米国は大切にした
二〇、日本文化に普遍性なき為
二一、指導者に生物学的常識がなかった事

順不同で重複している点もあるが、日本人には大東亜[二]を治める力も文化もなかった事に結論する。

前回記したように、人は、自らの内にある「予定稿」にない内容は排除するか無視するのが普通である。そしてこの二十一ヵ条のうちおそらく読者の「予定稿」に全くなく、一種意外な感じをうけるのが「一五、バアーシー海峡の損害と、戦意喪失」であり、従って何気なく読みとばしてしまうのが普通であろう。氏がこの中で具体的にその名をあげている場所はこの海峡だけであり、通常人が、太平洋戦争の「天王山」だとするミッドウエーもレイテも、またインパール[三]も沖縄も、氏は掲げていない。なぜであろうか。比島という地にいることが、氏に、バシー海峡を偏重させたのであろうか。そうではない。

私も日本の敗滅をバシー海峡におく。そしてそれに対して「お前は、ルソンの北端、このバシー海峡に面した港町アパリの近くにいたから、特にそう感ずるのだ」という反論は、私に対しては、あるいは成り立つかもしれない。しかし小松氏に対しては成り立たない、というのは、氏は私と違ってネグロス島で収容され、ついでレイテの収容所に移された。従って氏は、ネグロス島で自ら戦闘を体験しただけでなく、レイテ戦の模様をも、レイテ収容所で十分にしかも体系立てて聞いたはずである。「……レイテの収容所に移されてからは、将校キャンプで話相手があまりにたくさんあり過ぎて落ちついた日がなく……」という「序」の中の一文がそれを証明している。

確かにそれは体験談もしくは伝聞にすぎないが、同一体験をした者の受取り方は、間接的自己体験といってよい。しかし、バシー海峡の方は、氏にとっては、同一体験なき純然たる伝聞であって間接的自己体験とはいえないのである。

というのは氏は、十九年三月二日十一時三十分に台湾の屏東《へいとう》を重爆キ－21でたち、十四時三十分にはルソンのクラークフィールド飛行場に無事着陸しており、従ってバシー海峡の上空を何の事故もなく、わずか三時間で通過している。従ってバシー海峡は、氏に何の印象も残さないのが普通であり、こういう場合、通常、人は、レイテをとってもバシー海峡はとらない。

では一体なぜ氏は、この二十一ヵ条の中に、レイテをあげずにバシー海峡をあげたのであろうか。また一方、戦記とか新聞とかは、なぜ、だれもただの一度もバシー海峡に言及しないのであろうか。

ここに、戦争なるものへの、決定的ともいえる視点の違いがあり、同時に、戦争と戦闘との区別がつかず、戦争を単に戦闘行為の累積としてのみ捕える、いわゆるジャーナリスティックな刺戟《しげき》的・煽動《せんどう》的見方への偏向がある。戦闘皆無の戦争もありうることは、食糧と石油だけによる戦争もありうることが実感される現代では、別に説明を必要としないであろうが、実情は、太平洋戦争の時点でも同じことであった。

だが人びとはその最も決定的な面すなわち「バシー海峡」を見ようとせず、戦争中は武勇伝や悲《ひ》愴《そう》調愛国殉国物語を読まされ、戦後はそれの裏がえしにすぎない刺戟的「残酷物語」を読まされて、最も恐怖すべき対象から逆に視線をそらされている。それは、バシー海峡、この「バシー海峡」という言葉に、人びとが何の反応も示さないことに、端的に表われているであろう。

　では一体、氏が記したバシー海峡とは何なのか。「バアーシー海峡の損害と、戦意喪失」という短い言葉の背後には何があるのか。おそらく、ジャングル戦を生き抜いたはずの少数者が、その恐ろしい戦いを語る以上の恐怖をこめて口にした「バアーシー海峡」という言葉の集積がこの一ヵ条の背後にあったはずである。

　全体の中の自分を見なおす——と言ってしまえば簡単だが、これは実際には不可能に等しい。たとえばあるサラリーマンが、地球上の一切を正しく把握し、その正しく把握した地球上における日本国の位置を正しく措定し、その中で自分が所属する企業を正しく位置づけし、ついでその企業における自己の位置と役割を正しく認識して、それに基づいて自己規定をする、などということは実際にはできない。

　現在は言論も自由、報道も自由、自由なる新聞は毎日のように正しい情報をみなに提供しているはずである。しかし、それだからといって、人びとに前記の自己規定ができるかといえば、もちろん否である。人は大体、自分の属している組織の中で、有形無形の組織内の組織に制御されて自己を規定している。現実の行動の規範はそれ以外にない。

　そして、その組織がどのようなスローガンを掲げようと、それがその「現実の行動の規範」とは無関係であることは、「世界同時革命(五)」と「鉄パイプによる殺し合いの内ゲバ(六)」とが、実質的に無関係であることを例にひくまでもあるまい。そしてその際、その人が実際的に危機を感じ、その危機に対処する行動の基準をもっているなら、それは「鉄パイプが振り下ろされるかも知れぬ」という危機感とそれに対処する基準だけであろう。

これは昔も今も変らず、従って、戦争中の日本でも変らず、前線でも後方でも変らなかった。従って、敵が間近にせまった前線だからといって、人びとがそれらの情報に規制されて生活しているわけではない。小松氏のマニラに着任したときの印象が、良い資料であろう。

マニラ印象

呑龍《どんりゅう》〔飛行機名〕（七）から降りたマニラ飛行場の暑さは、ひどいものだった。同行の鼠《そ》入《いり》大尉と自動車で大東亜ホテルに行く。ホテルでは兵站《へいたん》（八）へ行って宿泊券をもらって来るようにというので、自転車の先に腰掛のついた便利車に乗り城内の兵站（九）に行き、やっと大東亜ホテルの七階の室に泊る。城内は不潔なところという感じだ。

ホテルの前はダンスホールで、内地では聞けぬジャズをやっている。散歩する男も女もケバケバした服装だ。内地や台湾を見た目でマニラを見ると戦争とは全く関係のない国へ来たようだ。総てが享楽的だ。「ビルマ地獄、ジャバ極楽、マニラ享楽」（一〇）大東亜共栄圏三幅対《さんぷくつい》といわれただけのことはある。安っぽい亜米利加《アメリカ》文化の化粧をした変ちきりんな、嫌なところだと感じた。

店舗には東京では見ることもできない靴、鞄《かばん》、綿布、菓子、服等々、女房連が見たら正《まさ》によだれを流しそうな物ばかりだ。品物の豊さは昭和十年頃の銀座の感じだ。夜はネオン・サインが明るく、ジャズの騒音に満ちている。悩ましくなってベッドへもぐり込む。蒸し暑い嫌な晩だ。

武官

サイパンは陥落し、まさに日本の危機であり、比島こそこの敗勢挽回《ばんかい》の決戦場と何《なん》人《ぴと》も考えているのに、当時（十九年四月、五月）のマニラには防空壕《ごう》一つ、陣地一つあるでなく、軍人は飲んだり食ったり淫売《いんばい》を冷やかす事に専念していたようだ。ただ口では大きな事を言い「七月攻勢だ」「八月攻勢だ」とか空念仏《からねんぶつ》をとなえている。平家没落の頃を思わせるものがある。

だが、情況がこうだということは、危機という言葉がなかったということではない。「七月攻勢」「八月攻勢」は、危機の裏返しの表現だとはいえる。

確かにこれ以外にも、危機や超非常時といった言葉は戦地にもあり、また内地では一億総決起などの激烈なスローガンは巷《ちまた》に氾濫《はんらん》していた。しかし真の危機は、いくら大声で叫んだとて実際には人の耳に入らない。サイパンが陥落しても、〝飲んだり食ったり淫売を冷やかすことに専念していた〟のは、少なくとも象徴的な意味では、何も軍人だけではない。それは前述のように、その人の自己規定が、有形無形の組織内の組織における身のまわりの小さな危機——電車に乗りおくれるかも知れぬ、早く行列に加わらねば昼食にありつけぬかも知れぬ、遅刻して上役から雷をおとされるかも知れぬといったような——で規定され、それ以上の大きな危機によって自己を制御するということが、実際にはできないからである。

これは、対地震でも対食糧危機でも同じであり、もちろん戦争も例外ではない。そしてそれは昔も今も一般社会も軍隊内も変りはない。人びとは危機を叫ぶ声を小耳にはさみつつ、有形無形の組織内の組織に要請された日常業務に忙しい。そしてこの無反応を知ったとき、危機を叫ぶ者はますますその声を大にする。しかし声を大きくすればするほど、またそれがたび重なれば重なるほど、まるでイソップの「狼が来た」と言いつづけた少年の言葉のように、人びとは耳を傾けなくなる。

だがそのとき、だれかが、危機から脱する道はこれしかない、と具体的な脱出路を示し、そしてその道は実に狭く細くかつ脱出は困難をきわめ、おそらく、全員の過半数は脱出できまい、といえば、次の瞬間、いままで危機々々と叫ぶ大声に無関心・無反応だった人びとが、一斉《いっせい》に総毛立って、その道へと殺到する。危機というものは、常に、そのように、脱出路の提示という形でしか認識されない。

バシー海峡は、さまざまな意味で、そういう道であった。それは、太平洋戦争全体にとっても、そこを通過してかろうじて助かった一個人にとっても、その名を口にしただけで総毛立って「戦意喪失」する、血まよえるものが誤認した脱出路だったのである。従って、敗戦二十一ヵ条にバシー海峡が登場することは、あらゆる意味で、私にとっては当然である。それは、われわれが、いかに、危機に対処できずに滅びるかを示す象徴的な「名」である。

一体、何がゆえに、制海権のない海に、兵員を満載したボロ船が進んでいくのか。それは心理的に見れば、恐怖にわけがわからなくなったヒステリー女が、確実に迫り来るわけのわからぬ気味悪い対象に、手あたり次第に無我夢中で何かを投げつけ、それをたった一つの「対抗手段＝逃げ道」と考えているに等しかったであろう。

　だが、この断末魔の大本営が、無我夢中で投げつけているものは、ものでなく人間であった。そしてそれが現出したものは、結局、アウシュヴィッツのガス室よりはるかに高能率の、溺殺《できさつ》型大量殺人機構の創出であった。このことはだれも語らない。しかし、『私の中の日本軍』で記したから再説はしないが、計算は、以上の言葉が誇張でなく純然たる事実であることを、明確に示している。

　だが「ヒステリー女の手あたり次第のもの投げ」といえば、おそらく反論はあるであろう。大本営には確かに一つの理屈はあった。だがそういった〝理屈〟とか〝理論〟とかいうものは、常に、ヒステリー的衝動の正当化と理論づけにすぎない。当時われわれの受けた「訓示」によれば、日米両野戦軍はまだ一度も〝決戦〟をしていないということであった。

　確かに、島嶼《とうしょ》の争奪は、十数個師団を展開する〝奉天大会戦（一一）〟的〝決戦〟ではない。「広さ」は戦力である。幸いマッカーサーは「アイ・シャル・リターン」。来るにきまっている。従って、戦備をととのえ、ルソンの山野に大兵を展開して米軍に決戦を挑み、これを包囲殲滅《せんめつ》した上で対等の講和に持ちこむ、というのが、あらゆる方法で大兵団を比島に送った基本的な〝理論〟であり、これを彼らは〝唯一の脱出路〟と考えたわけである。

　だが窮地に陥った者は、そこが唯一の脱出路と思い込んだ瞬間、そこへ殺到して自滅する。そしてそのように、日本軍は、バシー海峡で自滅し、そしてその自滅の瞬間まで、危機の叫びは、実は、逆作用する一種の子守歌にすぎなかったのである。

組織の中の一員は、前述のように、その当時であれ現在であれ、世界的な情況の中にある自己の位置は把握できない。確かに、周囲の情況は、あらゆる不安に満ちている。しかし、ちょうど「オオ、ヨシヨシ」といって子供をあやして不安を鎮めるような装置もまた、到る所にある。無敵神話・東条スマイル・軍歌と国民歌謡・お守り・旗の波は、幼児から「あやしと甘え」で育った者に、理由なき鎮静を与える。また、軍隊という組織・鉄の軍紀・階級・信念・猛訓練等、一切合財が「あやし」になる。

そして「危機の叫び」と「あやし」のバランスで成り立つ「虚構の子守歌」は、本当の危機すなわち「脱出路」の入口まで、各人を眠らしている。そして整々と脱出路まで導かれた者が、ある情況を目にした瞬間、一切は虚構で、現実にはすべてがすでに終っており、自分たちはただ〝清算されるため〞にそこにいるにすぎないことを知り、冷水をあびせられたように慄然《りつぜん》とする。それがバシー海峡であった。

二

昭和十九年四月末、私は門司《もじ》の旅館にいた。学校らしい建物にも民家にも兵隊があふれていた。みなここで船に積まれ、どこかに送られる。大部分がおそらく比島であろう。アメリカの潜水艦は、日本全体が緒戦の〝大勝利〟の夢からまだ醒《さ》めぬ十八年の九月に、すでに日本の近海で自由自在に活躍していた。潜水艦による輸送船の沈没は、原則として一切新聞に出ない。従って以下に記す小松氏の記録は、十八年当時の海没の、まことに珍しい「目撃者の記録」である。

比島行

台東製糖株式会社の酒精工場(一一)で蔗汁《しょじゅう》(さとうきびの汁)からブタノールを製造する工業的試験に成功。酒精工場をブタノール工場に切り換え改造中のある日(昭和十八年七月)台湾軍兵器部から出頭するよう電話があったので、何事かと台北《たいほく》まで急行した。兵器部で今井大尉に会う。「身体は健康ですか」と問われたので「健康だ」と答えれば「ご苦労ですが比島までちょっと行って下さいませんか」という。比島のブタノール問題のあった時だったので、資源調査にでも行くのだと思い「行っても良い」と答えた。すると今井大尉は机の引出から書類を出し「実は君、名誉の話で、陸軍省整備局長から樋口《ひぐち》台湾軍参謀長宛の公電で(台東製糖会社酒精工場長小松真一を比島の軍直営ブタノール試験工場設立要員として斡旋《あっせん》を乞《こ》う)こう来ているんだが是非行ってくれ」「一存ではご返事出来ません。重役の意向もあると思いますから」と今井大尉と別れて帰った。幸い出北中《しゅっぽく》(一二)の重森重役の家に行き相談した。「会社も九月一日付で明治製糖と合併になるから比島に行くのも良いだろう」との意見で、重森重役から明治製糖の重役に話をしてもらい、比島行きを決定した。

明糖と合併

昭和十八年九月一日、明糖に合併され全社員もそのまま明糖に引き継がれた。家族は内地へ引揚ぐべきか、生活の楽な台湾に置くべきか、色々迷ってみたが、目下の戦況では台湾危しと直感し、内台《ないたい》(一四)航路の危険をおかして内地に引揚げる事に決心し、明糖小塚常務に交渉、明糖川崎研究所勤務と一応発令してもらった。内地転勤というかたちで台東(一五)を九月七日に出発した。昭和十四年台東に着任以来酒精工場の建設に運営に精根を打ち込んできただけに、育てあげた工場員と別れるのは感無量のものがあった。

内地帰還

当時の内台航路は、高千穂丸を始め次々と雷撃(一六)を受けて沈んでいき残るは富士丸、欧緑丸、鷗《かもめ》丸だけとなっていたので、なかなか乗船は困難だった。自分一人分だけは、軍の人間として優先的に富士丸に席が取れたが、家族の分はなかなか取れず閉口した。やっとの事で欧緑丸の船室が取れたが、海上危険の時、夫婦子供が別の船に乗る手はない。死なば諸共《もろとも》と心臓的交渉をした。当時富士丸は最優秀船で速力があるので一番安全の船とされ、この船の切符には「プレミアム」がつく位だったので、欧緑丸に席を持っていた陸軍少将の人に交渉して交換してもらい、家族一同どうやら同じ船で内地へ行くことになった。引越荷物は当時一般には取り扱わなかったが、兵器部の威力で無理に積んでもらった。(乗船船待《ふなまち》の間、北投の専売局養気倶楽部《くらぶ》に宿す)

海難

十月二十五日、富士丸、欧緑丸、鴎丸の三艘《そう》は駆逐艦一と飛行機二に護衛されながら堂々と基隆《キイルン》港を出港、十三ノットの優秀船団で二十五、二十六日を無事航海した。二十七日の夜半突然の砲声に一同飛び起きる。船は全速でジグザグに逃げまどう。急カーブのたびごとに船体は撓《たわ》り、メリメリと気色の悪い音をたてる。そして爆雷の音がしきりに響いてくる。生きた心地なく子供等の身仕度をしているうち、どうやら危機を脱したようだ。

夜明、船が止ったので甲板に出てみれば前方に鴎丸が沈没しかかっていた。遭難者が、ボート、筏《いかだ》で流れて来るのを、富士丸と共に救助した。救助といっても潮流の下手で、これら遭難者の、しかもちょうど二艘の船の処へ運よく流れついたボートや筏を救助するだけで、少し離れたところを流れて行くボートや筏は「オーイ」「オーイ」というだけで遠くへ流されて行ってしまう。ボートの水兵が腰にロープをつけて我々の船まで泳いできて、ボートをたぐり寄せる等、元気者もいた。血だらけの者もあり、女子供は狂気した様だった。

それでも八時頃までかかってやっと救助作業を終った。この間護衛〔の駆逐〕艦は敵潜（一七）の上とおぼしきあたりに止っていた。突然、すぐ目の前にいた富士丸の胴体から水煙があがった。やられたと船室に飛び込み子供等に用意をさせる。窓から見れば富士丸はもう四十五度に傾き次いで棒立となって沈んでしまった。雷撃後三分三十秒であっけなく姿を消した。我々の船は全速で逃げ、四時間後に再び富士丸遭難地点に戻り、救助にかかる。又、やられはせぬかと気が気でない。沖縄からきた飛行機が二機、潜水艦を探している。富士丸の遭難者の大半を救助した頃、我々の船めがけて三本の雷跡。あわてて室に帰る。船は急旋回。そのとき、ドスンと大きな音がした。もうだめだ。が、幸い魚雷は不発で助かった。船からは大砲を乱射する、爆雷は落す、全速で逃げまわる。生きた心地はない。門司までの一昼夜は実に長い、嫌な、命の縮まるような思いをした。歩き始めの紘行《ひろゆき》も、この船旅にすっかり弱って歩けなくなってしまった。

三十日無事神戸港に入港した。港には米人捕虜が働いていた。ニコニコしながら「今に見ろ、お前達を使ってやるから」と豪語しながら。

結局、台湾を出港した当時の最優秀船三隻は、駆逐艦と航空機に護衛され、自らも対潜水艦用の砲を搭載しながら、三隻とも雷撃をうけた。小松氏の乗った欧緑丸が無事助かったのは、奇蹟《きせき》的に魚雷が不発だったというだけである。これがその約半年後の昭和十九年四月となると、あらゆる面で、危険の度は倍増も三倍増もしていた。

氏は雷撃をうけた富士丸が、わずか三分三十秒で沈んだと、正確に時間を計っておられる。三分半、これは、不意の衝撃から脱出するには、決して十分な時間とはいえないが、しかし、全員はともかく、一部のものには脱出が可能である。

だが私が乗船したころには、米軍の魚雷が高性能になるとともに日本側は老朽船のみになっており、平均十五秒で沈没した。轟音《ごうおん》とともに水柱が立ち、水柱が消えたときには船も消えていたわけである。救出者は通常ゼロ、三千人を満載した船で、五人が奇蹟的に助かった例もあったそうである。

秘密は、少なくとも組織の内部では完全には守れない。動員下令で原隊を去り、乗船したはずのものがすべて一切の消息を絶てば、だれでも不審に思わざるを得ない。だが全員海没すれば「死人に口なし」で、噂の〝火元〟さえなくなってしまう。また奇蹟的に助かった者がいても、そのまま南方へ運ばれ、音信不通となる。とはいえ何やらおさえつけるような不気味な雰囲気と、対潜水艦ノイローゼとでもいいたい上層部の、気違いじみた防諜《ぼうちょう》（一八）々の訓示から、逆に、恐るべき状態がひしひしと迫って来ているのはわかった。

門司の宿舎では、電話も手紙も町の人と口をきくことも禁じられていた。出航がいつかはもちろんわからない。だが、輸送船団というのは恐ろしく不能率であることはわかった。積載を終った船は、港内に繋留《けいりゅう》され、最後の船が積載を終るまで待たねばならず、またそれが完了して出港しても、速度は、最低速の船にあわせ、しかもジグザグで進まねばならない。

梅雨にはまだ間があるはずだったが、毎日のように、雨であった。当時、見習士官（一九）であった私は、雨の中を、時々港に出かけて行き、うす汚れて所々に赤錆《あかさび》が見える灰色の船を見た。塗料もすでに品不足だったのだろうか、それはまるで、杭《くい》につながれて雨の中にしょんぼりとたたずむうす汚れた野良犬のようにみじめに見えた。

何日目かおぼえていない。乗船に関する命令と指示があるから、明日一時に、輸送指揮官・先任将校・連絡係の三名が、船舶輸送司令部に出頭せよという通知があった。その日は、ふりつづく雨は相変らずやまないのに、雲が時々切れてそこからカッと陽光が差しこむ「キツネの嫁入り」の天気で、異常にむしあつかった。

「ワシらの乗る船はきっと桟橋《さんばし》に横づけになっトルだろう。山本、先に船を見て、それから司令部へまわろう」先任将校のS中尉は私にそういい、二人は、少し早目に宿舎を出た。だがS中尉が私をさそって寄り道をした本当の理由はおそらく別で、彼は輸送指揮官のN大尉と気が合わず、一緒に司令部に行きたくなかったのだと思う。

桟橋に行くには、船舶輸送司令部の前を通らねばならない。それはおそらくかつては港湾事務所で、軍がそれを乗っ取った形で、船舶輸送司令部にしているのであった。二人は、港を向いた半円形のその建物の前を通り、そのまっすぐ前を海へとのびる桟橋へと歩いた。そこには、うす汚れた一隻の船が横づけになっていた。

近づいてみると、恐怖すべきボロ船であり、一見してスクラップであった。それも道理、後で聞いたことだが、この船は船名が玉鉾《たまほこ》丸、船齢すでに二十七年、最高速度五ノット半という、当然、廃船とすべき代物《しろもの》であった。だがすでに何回かニューギニアへ兵員を運び、不思議に常に無事帰航したという〝奇蹟の船〟でもあった。乗船してから船員が語るところによると、「五ノット半の船が戦場をウロウロしているなどということは、アメリカ人の常識では到底考えられない。そこでいつも魚雷の照準を間違えるから無事なのでしょう」ということだった。

だがそのときは、もちろんそんなことは知らない。ただ、雨の中にぼんやりと見える、異様にうす汚れ、「汚れ色」としかいえぬような色をして、到る所からシューシューと蒸気がもれ、何ともいえぬ悪臭を放っている浮ぶスラムを、しばし呆然《ぼうぜん》と眺めていただけである。

近よると船は意外に大きい。後部の船艙《せんそう》にすでに乗船しているらしい兵士が、甲板に満載したトラックの間をちらほらと行き来する姿は、見えなくなった。

そのときS中尉が不意に「山本、あ、ありゃなんじゃ」と普段に似合わぬ驚きの奇声をあげた。実は私も、前々から、その「ありゃ」が何であるか、気になっていた。甲板の舷側《げんそく》ぞいに、何やら四角く仕切られた木造の小屋、人の胸ぐらいの高さの小屋がずらりと並び、それが文字通り角材に板を釘《くぎ》づけした粗雑なつくりで、しかもベトベトに汚れた感じであり、その下部に開口部があって、そこから汚水らしきものがたえず流れ出し、船腹をつたい、これを広く濡《ぬ》らして海面にまで流れている。その汚水の幕が船全体を染めあげ、前述の「汚れ色」としかいえない色にしている。「便所だ」二人はほぼ同時に気づいた。考えてみれば、こういう装置が必要なことは当然である。船は元来が貨物船だから、船員はおそらく二、三十人、従ってそれに応ずる居住施設しかない。その船の船艙に三千人を押しこむ、人を貨物と考えれば確かにそれだけのスペースはあり、従って物理的にはそれも不可能と言えぬかも知れない。

しかし貨物には排泄《はいせつ》はない。従って、否応《いやおう》なしに三千人分の便所は作らねばならない。とすれば舷側ぞいに海に向けて排出口をもつ小屋を、出来る限り数多くつくらねばならない。「フーム」S中尉はしばらくうなっていた。

時間に余裕はなかった。二人は黙って船を離れ、船舶輸送司令部の方へと桟橋をもどった。S中尉は、私が今までの生涯で会った最も豪胆・沈着・冷静な人であった。そして常にユーモアがあり、死に直面しても反射的に冗談の出る人だった。その人の沈黙が私を不安にした。

しかし司令部に近づくと彼はちょっと笑みをうかべ「運を天にまかすと言うが、この航海は本当にウンを海にまかすわけだな」と言った。その言葉に私の緊張はほぐれた。ついで彼は、司令部で私がなすべきことを手短かに指示した。「参謀などは、何も知りやセン、ありゃ怒鳴るだけのバカじゃ。実務を掌握しトルのは准尉じゃから、命令受領が終ってから、准尉のところへ行き、乗船の時間、場所、船艙など、細部をこまかく聞き出してこい」と。

各隊は輸送編成になっており、その各指揮官の先任者であるS老大尉が全体の輸送指揮官であった。佐官以上はすべて飛行機で別途に現地に赴任し、貨物船の船艙に入れられるのは一兵卒からたたきあげの尉官と幹部候補生出身の中少尉以下であった。そして部隊が無事にマニラにつくと、そこで輸送編成を解いて現地のそれぞれの師団の指揮下に入るというのが、その仕組であった。

なぜこういう方法をとったのか。内地で完全に編成してそのまま現地に送った方が、すぐに活動できるという点で、はるかに能率的ではないか。アメリカはそうしており、従って上陸と同時にすぐに展開できる。

なぜそれをしなかったのか。言うまでもなく「危険の分散」であろう。ある一兵科の（二〇）一部隊を一隻に乗せ、それが海没すれば、その師団は一兵科が完全欠如になって半身不随になる。それを防ぐため、さまざまな兵科を細分してさまざまな船に乗せたのであろう。

従って、玉鉾丸の後部船艙に乗るべき人員の中には、あらゆる兵科が混在していた。佐官以上の幹部を別途に航空機で送ったのもおそらく同じ発想であり、彼らは先に現地にいて、「無事についただけの兵員」でまず部隊を編制し、次から次へと混成でおくられる兵員が無事到着すれば、それを順次に加えて編制を完了する、という心算だったのだと思われる。そしてそのこと自体が、全員の到着は到底おぼつかないこと、おそらく大本営自身が、そのうちの何割かが無事到着すれば大成功と考えていたことを示している。

船舶輸送司令部は、前述のように、港に面した木造二階建の半円型の建物で、その半円の部分が全部ガラス窓になっており、その二階からは、港内のほぼ全部が目に入った。入口には港湾事務所という古びた木札が下がり、その隣に「門司船舶輸送司令部」というばかでかい新しい木札が下がっていた。そしてその看板が示すように、軍が港湾事務所を乗っとったという感じであった。

これはまことに奇妙なことといわねばならない。というのは陸軍の軍人に、船舶の系統的な運航が指示できるはずがないからである。ましてその大部分を占める歩兵出身の将校などは、船舶の運航について、基本的な予備知識さえもっているはずはない。従って、輸送は輸送の専門家にまかせれば最も能率的なはずなのだが、至るところに軍人が入りこんで来て、ただのさばっているのが当時の実状であった。従って彼らは輸送の実態などは何一つ知らず、彼らのため片すみに追いやられた港湾事務所の職員が准尉と連絡して、すべてを実施しているのが実情であったろう。

S中尉はこの実情をよく知っており、知っているがゆえに前述の注意となったわけだが、これは当時、軍に接したすべての人が痛感した欠陥であることは、次に引用する小松氏の文章でも明らかである。そして、その軍人たちは、威張ることと居眠りをすることと精神訓話で聴者のねむ気を誘発し、それらの結果、実務を妨害する以外に能がない存在であった。だがそれだけではない。その軍人たるや、自らの専門である軍事知識さえまことにあやしげで、アメリカ軍の装備や編成についてすら、何も知らなかったのが実情であった。そしてこの奇妙な現象は、常に日本に発生するのである。

そしてこの被害はすべての人間がうけ、今もうけているわけだが、小松氏の記録から、それに関連する箇所を引用してみよう。

文官

軍政下、いや武家政治下の文官（二一）の存在は、哀れというよりほか表現のしようがない。文官にも閣下級（二二）、佐官級、尉官級、下士官級、兵級とあり、各々相当官を以《も》って待遇され、剣帯を赤にしたり青にしたり階級章をつけたりしている。そして文官には「同等以上の階級の軍人には敬礼すべし」と命じ、軍人には「同等以上の文官には敬礼しても差しつかえなし」と許している。武官と文官は万事この調子で区別されている。

文官の方は将校と見れば、自分の方が社会的地位も、官等も俸給《ほうきゅう》も上だと考え、軍人等は何も知らぬと馬鹿にする。武官は「軍属か？」と慰安所の女より下らぬ、何の役にも立たない者だと、てんで問題にしない。それは軍人同士でも本科将校（二三）が特科将校を馬鹿にして、優越感を一人で持っているのより、一段と甚しいものがある。

　こんな具合だから両者がうまく連絡とれる道理はない。それでも状況の良い時はお互に仕事の分野も定まっていたから良かったが、少し状況が悪くなれば何をするにも兵力がなければ何もできなくなり、文官はいよいよ無用の長物となった。国家総力戦というのに、文官は毎日する仕事もなくただ仕事をしている振りをしたり、堂々と遊んだり、各々の人柄により勝手な事をしていた。そして皆、不平ばかり言って酒を飲むこと、女と遊ぶことに専念していた。これが民間会社なら忽《たちま》ち破産する様相を呈していた。

変人会

　南方へ仕事をする積りで来て現状にあきれ返ってしまった者、着任後何日たっても仕事のない人、軍人が分らぬことを主張するので仕事のできぬ人、その他部長や課長と合わぬ人、これらの中には本質的にかなり変った人が多かった。

　この変人どもがいつの間にか自分達の部屋に集まってきては、気焔《きえん》をあげるようになってきた。人よんで変人会事務所という。（後略）

イピイル酒精工場

　七百屯《トン》の製糖工場付属の酒精工場なので小さなものだが蒸溜器《じょうりゅうき》はルムスの新型機械で能力は相当出そうだ。戦前はマニラから麦酒《ビール》酵母を飛行機で取り寄せていたが、最近はタリサイの貴来公の方法で野生酵母を採ってやっていた。

その方法は糖蜜《とうみつ》をブリックス二十度位《ぐらい》にして、これに少量の硫酸を入れ、これに蔗茎《しょけい》(一四)をそのままたたきつぶしたものを五束《たば》程吊《つ》るしておくと自然に醗酵《はっこう》してくる。これを酒母として用いていた。実に合理的な方法で我々指導に来たのか教わりに来たのか分らんぐらいだ。現在は砂糖が無いので製造を中止しているという。

後に垣《かき》兵団(一五)の主計将校に「砂糖が無くては酒精は出来ません」と言えば驚いて、感心したのか、困ったのか分らんような顔をしているのにはあきれて物が言えなかった。工場だけあれば酒精はできると思っていたらしい。(後略)

ブタノール工業中止

ブタノール華やかなりし頃の計画ではデルカルメン(一六)製糖工場を昭和農産に、カンルーバンを南洋興発に、メデリンを鐘《かね》ケ淵《ふち》実業に、マナプラを台湾製糖に、その他三菱、日窒《にっちつ》などもそれぞれ製糖工湯を改造してブタノールをつくる予定でいたが、資材難のため第一期工事としてはデルカルメンだけを完成させることとなった。十九年七月頃には工場は八分通りできていたが、工場はできても石炭が運べんので運転見通しがたたず、やむなく工事を打ち切り工場資材を他に転用することになった。比島のブタノールは当分だめということに決った。こんな具合なので試験工場の方も自然消滅ということになった。

試験工場設立要員として来た辰井技師と自分は比島には用のない身となったので、早々人事係のところに行き内地や台湾では醗酵技術者が不足して困っている時故《ときゆえ》、ご用済の我々を直ちに帰国させるように交渉した。すると「軍属は用があっても無くても一年は南方におらねばならない。第一、一年もたたないうちに民間から採用した者を帰しては軍の威信にも関わる。あなた方の勲章にも関係がありますからしばらく我慢してくれ。皆そうなのだから」と言う。戦争に勝つために是非必要だというから、会社を辞めて来てみれば何のことはない。憤慨してもどうにもならない。「それなら毎日遊ばせておかずに仕事を与えよ」と交渉すれば「そのうちに何とかします」という。煮え切らん話。「勲章は不要故《ゆえ》、帰るチャンスがあったら取り計らってくれるように」と頼んで帰る。

当時、実情はどこでも同じであった。そして最近の地方自治体の内部事情などを聞くと、今もただ主役が交替しただけで、基本的には、これときわめてよく似た情況が現出しているように思う。また専門的には何もわからぬ人間が威丈高に指示をするという点では、「むつ号」（二七）や公害問題などのときの、代議士や組合幹部やマスコミとも共通点があるであろう。

そして実情は、門司の船舶輸送司令部も同じであった。従ってすべては予想通りに進行していた。時々日がさし、また雨が降るむっとする晩春の午後、半円の部屋の窓を背にして半円形に椅子に腰を下ろした各隊の指揮官と連絡将校は、円の中心の壇上に立つ老中佐参謀の長々とした話を、ねむそうに聞いていた。S中尉は私の隣で、眠気ざましに時々小声で半畳を入れていた。

参謀が、船は敵潜を避けてまず北へ進み、黄海へと進み、大きく迂回《うかい》して一《ひと》まず基隆《キイルン》まで行くと言えば、彼はすかさず、「あの船なら、どこを走っても黄海さ」といい、また輸送船というべきところを間違えて、老中佐らしく一昔前の言葉「運送船」を使えば「フン、確かにあれはウン送船だ」といった具合であった。

私は一心に笑いをこらえていたが、二人の間の雰囲気が何やら自分を小馬鹿にしていると老参謀は感じたらしく、時々、チラッチラッと険悪な視線を二人に向けていた。だが、下を向いているS中尉は何も気づかない。

そのうち、S中尉は次第に頭を下げ、ついに軍刀の柄《つか》の上に顎《あご》をのせると、堂々と居眠りをはじめた。老参謀の険悪な目は、しだいにS中尉にだけ集中して来た。私は気が気でない。

ついに彼は、右手をのばすとはっきりとS中尉を指差し「オイ、コラーッ、そこの中尉、聞いトルカッ」と怒鳴った。その大声にS中尉は目をさまし、顔をあげる。彼は自分の方にまっすぐのびている指を見ながら悠々と椅子から立つと、非常に冷笑的な態度で、わざと音の間をあけ、「キ・イ・テ・オ・リ・マ・ス」と言ってから、黙ってまっすぐに相手の顔を見た。その語調には、何やら相手を圧倒する威迫があった。それに押されたかのように、参謀は反射的に「ヨイ、坐《すわ》レ」と言った。

だが彼の憤懣《ふんまん》はそれでおさまらない。否、威迫されたという感じが、その圧迫が消えると同時に彼の感情を激発させたらしく、今度は私にあたってきた。「それから隣の見習士官、さっきから何やらニヤケトルが、そんなニヤケ面では、国軍の幹部として、准尉以下を掌握でケンゾ、イイカ」。だが私は何やらポカンとしていた。自分が何かをいわれているという実感がなかったからであろう。従って、こういう場合の当然の作法、すなわち椅子から立ちあがって不動の姿勢をとることもしなかった。これは決定的な上官無視になる。従ってついで何事が起るかと、一同はシーンとしていたらしい。だが何も起こらず、老参謀は気を変えたように、冗長な訓示を継続していった。大分後で「見かけによらず、えらく度胸があるなあ、参謀が徹底的にとっついて来たら、どうするつもりだったのだ」と同席していた人びとに聞かれたが、私自身は結局、ポカンとしていただけであった。

S中尉はそれに気づいていたらしい。後で彼は言った。「いいか、山本。ここはもう野戦じゃからな。ああいった参謀が無理無態を言いおったら、腹の中で、これ以上何か言いおったらブッタ斬《ぎ》ってやると度胸をきめることった。死ぬときゃ中尉も少尉もないデ……」

すべてはS中尉の言った通りであった。長々とつづく冗長な儀式が終った後で、私は、片すみの机で静かに坐り通していた老准尉のところに行って、明日の乗船に関して細かい指示をうけた。

三

その夜、簡単な会食があった。明日からは波の上、従って地上最後の夜かもしれぬ。十数人の将校は努めて楽しげにふるまっていた。しかし私は、ある一事が気がかりのため、どうしても落着かず、同時にあの船影を思い出すと、何としても気が滅入《めい》ってきた。

気がかりとは老准尉の言葉である。「砲兵隊は後部船艙左舷、船艙一坪あたり四人」と私は聞いたつもりなのだが、後で思い出すと彼は「十四人」と言ったようにも思えるのである。確かに軍の輸送船が豪華な客船であるはずはない。しかし、人間の生活空間、いわば相当長期間の「住」の面積は、一坪四人すなわち畳一帖《じょう》に二人がぎりぎりの限界であろう。それ以下では、第一、寝ることが不可能である。まして各兵士は、自分の胴まわりの二倍ほどの装具の袋をもち、座ぶとんほどの救命胴衣をつけている。従って、「軍」を念頭においた常識でも、一坪四人が限度のはず、十四人などということは到底考えられない。考えられないから私は「四人」とメモして来た。しかし昼間のあの船、浮ぶスクラップとしか言えないあの船を思い出すと、何やら十四人ということも、満更《まんざら》ありえないことではないように思えて来るのだった。

短い会合は終った。私は殆《ほとん》ど口をきかなかった。畳の上に寝るのも今夜が最後かな、などと、わざと冗談のように言いつつ人びとが寝についても、私は、「四」と「十四」という二つの数字がいつまでも頭から離れず、中々寝つかれなかった。

翌日午後一時、乗船が開始された。もう疑念の生ずる余地はなく、船艙の割当は一坪十四人であった。もっとも船艙はいわゆるカイコ棚式に二段になっており、従って、一段ずつ数えれば一坪七人である。ただその高さはやっと胸までの二段であり、従って、ひとたび船艙に入れば、その人は、直立することはできない。

兵士たちは一列でタラップをかけあがる。上がれば両側からすぐ便所の列がはじまり、甲板には所せましと機材やらトラックやらを積載してある。その間の、まるで迷路のようになった細道をくねくねと走り、ポカッと大きく口をあけた船艙のところまで来る。木造の階段がついているが、下はうすぐらく、何となく不気味であり、だれでも思わず立ちどまる。「とまるな」輸送副官のT中尉が階段の傍らで怒鳴る。彼の声はすでに涸《か》れていた。

夕刻までに乗船を完了せよといわれても、この速度ではどうにもならない。便所の列の切れ目から桟橋を見れば、しとしと降る雨の中に、驚くべき人数が、整列したまま静かにたたずんでおり、一向に減ったという感じがない。「あれが全部夕方までに乗るのか、乗ったら一体どうなるであろう」、考えただけで、頭が変になってくる感じであった。

私は船艙に降りた。ぎっしり積載された人間のはき出す一種の暈気《うんき》ともいうべきものが充満し、空気が濃密になり、臭気の立ちこめた蒸し風呂《ぶろ》といった感じである。湿度百パーセントで、船艙の鉄板の天井から絶えず水滴が落ちる。すべてボーッとかすみ、通路のただ一個の裸電球が、濃密な空気と、その中をただよう各人の衣服や軍用毛布から出た浮游《ふゆう》する繊維のため、電球の輪郭までぼやけて見える。誇張でなく息がつまる。カイコ棚に押し込まれた人間の、うるんだように光る目が、一斉にこちらを向く。人々はほんの少しでも多くの空間を自分と他人の間に置こうとする。降りて来た人間は、この有様に気をのまれて、カイコ棚の前でウロウロする。各班長が「つめろ」「頭を下げて入れ」とわめきながら、一人一人をその棚に押し込んでいく。

すべての人間は思考力を失っていた。否、それは、思考を停止しなければ、できない作業であった。人が、まるでコンベアに乗せられた荷物のように、順次に切れめなく船艙に積み込まれ、押し込まれてぎっしりと並べられていく。そうやって積み込んだ船に魚雷が一発あたれば、いまそこにいる全員が十五秒で死んでしまう――。この悲劇は、架空の物語でなく現実に大規模に続行され、最後の最後まで、ということは日本の船舶が実質的にゼロになるまで機械的につづけられ、ゼロになってはじめて終ったのであった。

そしてこの「押込み率」は、その計算の基礎は『私の中の日本軍』で記したから再説しないが、ナチの収容所の中で最悪といわれたラヴェンスブリュック収容所の中の、そのまた最悪といわれた狂人房のスペースと同じなのである。おそらくこれは、これ以上つめこんだら人間が死んでしまう、ぎりぎりの限界である。

アウシュヴィッツの写真を見る。確かに悲惨であり、あれもカイコ棚である。しかしあのカイコ棚には、寝るだけのスペースはあった。船にはガス室はあるまい、と言われれば確かにその通りだが、しかし、この船に魚雷があたったときの大量殺戮《さつりく》の能率――三千人を十五秒――は、アウシュヴィッツの一人一分二十秒とは比較にならぬ高能率である。でも、魚雷はガス室ほど確実に来るわけではない、という人もあるかもしれない。しかし、もう一度いう。では何隻の船が終戦時に残っていたのかと。結局すべての船が、早かれ遅かれ、最終的には、世界史上最大能率の大量溺殺機械として、活用されただけである。

一体、この船艙につめこまれたことと、ガス室につめこまれたことと、実際に、どれだけの差があるであろう。両者とも、身動きは出来ず、抵抗の能力はなく、ただ、死が来るのを待っている。差があるとすれば、一方はコックをひねられればおしまい、一方は雷跡が見えればおしまい、という差だけではないか――。アウシュヴィッツといえば人は身ぶるいをする。しかし、小松氏が「バアーシー海峡」の名をあげても、人は、何の反応も示すまい。理由は何であろう。アウシュヴィッツの犯蹟《はんせき》は明らかになった。多くの写真が公表され、多くの記事が書かれた。同じことは『収容所群島』（二八）にもいえる。

しかしバシー海峡は何も残していない。海がすべてを呑《の》み込み、一切を消し、人びとはこの海峡の悲劇だけでなく、この海峡の名すら忘れてしまった。従って、敗因第「一五」を人は奇妙に思うのも不思議でないかも知れぬ。しかし奇妙に思うこと自体が、今に至るまで、真実は何一つ語られていないことの、決定的な証拠ではないのか。

日は暮れた。雨は遠慮なく降る。乗船はまだ終らず、船艙への長い列は途切れなくつづいている。ナチの収容所の囚人頭《カポー》に等しい輸送副官のT中尉は、全身ずぶ濡れとなり、大声をあげて駆けまわっている。乗船が終らないのに、甲板の狭い通路のすべてに、人が、数珠《じゅず》つなぎになってうずくまり、濡れた甲板にペタリとすわって、雨をあびている。そのくねくねと曲がる数珠の先は、便所の各々の戸につながっている。乗船者は、その数珠を右によけ左によけ、時にはまたぎながら、次から次へと船艙に送り込まれていく。いるだけで玉の汗が流れてくる船艙。そこから起るいら立ちの怒声罵声《ばせい》、ビンタの音。私はこのときぐらい、部下のいない「部付《ぶづき》」という身分を有難いと思ったことはなかった。

夜半になって、ついに乗船は終った。すべての場所が人、人、人、人。文字通り足の踏み場もない人の群れ。船は曳《ひ》き船にひかれ、港内のブイに繋留された。出港はいつのことかわからない。奇妙なもので、余りに苦しい状態におかれると、「たとえどうなってもいい、何でもいいから、この状態にけりをつけてほしい」という気にだれでもなる。

人びとは、自分たちが、大洋に導かれた巨大な「死へのベルトコンベア」に乗せられたことを、知っていた。従って、そのコンベアが動き出すのが遅ければ遅いほどよいはずなのに、逆に、一日も早く動き出してほしいと願うのである。

そしてそう願ったときに一切の秩序は実質的に崩壊していた。もちろん「志気」などというものは消えていた。「死へのベルトコンベア」に乗せられて、「志気」などが存在するはずはあるまい。これが小松氏が正しく指摘している「バアーシー海峡の損害と、戦意喪失」の意味である。

では、バシー海峡とアウシュヴィッツは同じであったろうか。もちろん違う。同じなのは、小スペースへのすしづめと、高能率の大量殺人装置という現象面だけである。

ドイツ人は明確な意図をもち、その意図を達成するため方法論を探究し、その方法論を現実に移して実行する組織をつくりあげた。たとえ、その意図が狂気に等しく、方法論は人間でなく悪魔が発案したと思われるもので、その組織は冷酷無情な機械に等しかったとはいえ、意図と方法論とそれに基づく組織があったことは否定できない。

一方日本はどうであったか。当時日本を指導していた軍部が、本当は何かを意図していたのか、その意図は一体何だったのか、おそらくだれにもわかるまい。というのは、日華事変の当初から、明確な意図などは、どこにも存在していなかった。ただ常に、相手に触発されてヒステリカルに反応するという「出たとこ勝負」をくりかえしているにすぎなかった。意図がないから、それを達成するための方法論なぞ、はじめからあるはずはない。従ってそれに応ずる組織ももちろんない。そして、ある現象が現われれば、常にそれに触発され、あわてて対処するだけである。従ってすべてが小松氏の憤慨した情況「戦争に勝つために是非必要だというから、会社を辞めて来てみれば、何のことはない」という状態になる。従って何の成果もあがらない。

だがこれは小松氏のような立場にあった人だけでなく、当事者であるはずの軍隊自身についてもいえることであった。砲なき砲兵、自動車なき自動車隊、航空機なき航空兵、それらが、「死へのベルトコンベア」からこぼれ落ちたように比島に到着してみれば、最初に兵站《へいたん》でうける挨拶《あいさつ》が「何だって大本営は、兵員ばかりこんなにゾロゾロと送り込んで来るのだ。第一、糧秣《りようまつ》がありゃしない、宿舎もない、兵器！　とんでもない。そんなものがあったら、すでに到着した部隊を兵器なしで放り出しておくわけがあるまい。当分、シナ人墓地ででも宿泊してろ」ということであった。

ではなぜこのように、全く成果のあがらないことをするのか。言うまでもなくそれは、成果があがらないとなると、その方向へただ量だけふやして、同じことをくりかえすことが、それを克服する方法としか考えられなくなるからである。そして小松氏の赴任自体がすでにそうだったことを、氏は次のように記されている。

二月三日、十四軍司令部に行き和知《わち》閣下、宇都宮参謀、田口参謀に申告を済ます。管理事業部鉱士部に行けというので行ってみれば醸造試験所で一緒に研修員をやっていた辰井技師、台湾で馴染《なじみ》の近藤技師、末松技師、燃料局から来た福西技師等知人ばかりだ。至極のんびりしたところで、仕事などしている様子は見られない。「明日からどんな仕事をするのか？」と聞けば「張り切るな」と笑われる。決戦に少しでもお役に立てばと真面目に考えていただけに、腹立たしかった。（後略）

軍管理事業部

そしてこのことを非常に大がかりにやったのが、「バシー海峡」であった。ガソリンがないといえば反射的に技術者を送る。相手がそこへ来るといえば、これまた反射的にそこへ兵力をもっていく。そして沈められれば沈められるだけ、さらに次々と大量に船と兵員を投入して「死へのベルトコンベア」に乗せてしまう。

それはまさに機械的な拡大再生産的繰り返しであり、この際、ひるがえって自らの意図を再確認し、新しい方法論を探究し、それに基づく組織を新たに作りなおそうとはしない。むしろ逆になり、そういう弱気は許されず、そういうことを言う者は敗北主義者という形になる。従って相手には、日本の出方は手にとるようにわかるから、ただ「バシー海峡」で待っていればよい、ということになってしまう。

この傾向は、日露戦争における旅順の無駄な突撃の繰り返しから、ルバング島の小野田少尉の捜索、また別の方向では毎年毎年繰り返される「春闘」まで一貫し、戦後の典型的同一例をあげれば「六〇年安保」で、これは、同一方法・同一方向へとただデモの数をますという繰り返し的拡大にのみ終始し、その極限で一挙に崩壊している。

一方、私が戦った相手、アメリカ軍は、常に方法を変えてきた。あの手がだめならこれ、この手がだめならあれ、と。同じ型の突撃を馬鹿の一つおぼえのように機械的に何回も繰り返して自滅したり、同じ方向に無防備に等しいボロ船船団を同じように繰り返し送り出して自ら大量「死へのベルトコンベア」を作るようなことは、しなかった。これは、ベトナム問題への対処の仕方にも表われているであろう。

あれが日本軍なら、五十万をおくってだめなら百万を送り、百万を送ってだめなら二百万をおくる。そして極限まで来て自滅するとき「やるだけのことはやった、思い残すことはない」と言うのであろう。一億何千万円とかを投入した小野田少尉の捜索が失敗したとき、それにたずさわった人が言った言葉が、やはり「やるだけのことは、やった」であった。そしてバシー海峡ですべての船舶を喪失し、何十万という兵員を海底に沈め終ったとき、軍の首脳はやはり言ったであろう、「やるだけのことはやった」と。

これらの言葉の中には「あらゆる方法を探究し、可能な方法論のすべてを試みた」という意味はない。ただある一方法を一方向に、極限まで繰り返し、その繰り返しのための損害の量と、その損害を克服するため投じつづけた量と、それを投ずるため払った犠牲に自己満足し、それで力を出しきったとして自己を正当化しているということだけであろう。

われわれが「バシー海峡」と言った場合、それは単にその海峡で海没した何十万かの同胞を思うだけでなく、この「バシー海峡」を出現させた一つの行き方が、否応なく、頭に浮んで来るのである。従って小松氏が、敗因の中にこの海峡の名をあげたのは、当然すぎるほど当然であった。太平洋戦争自体が、バシー海峡的行き方、一方法を一方向へ拡大しつつ繰り返し、あらゆる犠牲を無視して極限まで来て自ら倒壊したその行き方そのままであった。

だがしかし、わずか三十年で、すべての人がこの名を忘れてしまった。なぜであろうか。おそらくそれは、今でも基本的には全く同じ行き方をつづけているため、この問題に触れることを、無意識に避けてきたからであろう。従ってバシー海峡の悲劇はまだ終っておらず、従って今それを克服しておかなければ、将来、別の形で噴出して来るであろう。

注一　ルソン島と台湾の間の海峡。
注二　日本、中国、朝鮮などに対し、日本が汎称（一括して呼ぶ名称）として用いた言葉。
注三　ミャンマー（当時はビルマ）と国境を接するインド北東部の地。昭和一九年三月に、ここで日本軍とイギリス・インド軍との間で激戦が続き、結局、戦死者約三万人という犠牲を払って、日本軍は撤退。
注四　「重爆」は重爆撃機の略称。

注五　本書が書かれたころ、左翼過激派の一部が唱えていたスローガン。
注六　「内《うち》ゲバ」とは、〝集団内でのゲバルト（暴力的な抗争、暴力行為）〟の意。
注七　重爆の一機種。
注八　前線の部隊のために、〝後方連絡線（陸路であれ、鉄道などであれ）の確保〟や、〝軍需品や食糧の供給・補給〟などを任務とする機関。
注九　〝マニラ市内〟の意。
注一〇　現在のインドネシア。当時は日本が占領していた。
注一一　日露戦争（明治三七（一九〇四）年二月―同三八年九月）での、最後の陸上決戦。
注一二　アルコール。
注一三　台北に出て来ていること。
注一四　内地（日本・本国のこと）と台湾を結ぶ、船舶通行路。
注一五　台湾東海岸の南部にある都市。
注一六　魚雷による攻撃。
注一七　敵の潜水艦。
注一八　機密や重要な情報が敵に漏れぬようにすること。
注一九　〝下士官と将校の間に位置する幹部候補生〟であり、短期間（著者の場合は約九ヶ月間）で少尉になる立場の者であった。
注二〇　兵の種別の総称。陸軍の場合、憲兵・歩兵・騎兵・砲兵・工兵・輜重《しちょう》兵（補給輸送が主任務）・航空兵の七科に区分されていた。
注二一　軍隊内での、いわば〝お役人〟。
注二二　「閣下」とは、少将以上の将官に対して用いる敬称。
注二三　兵科（兵の種別）には、歩兵や砲兵など七科があったが、その一つの「歩兵」を「本科」と呼んで

〝本流〟あつかいし、他の六科を「特科」と称して〝傍流〟視した。

注二四 サトウキビの茎。

注二五 第一六師団の通称。

注二六 以下「マナプラ」まで地名。デルカルメンは、ルソン島マニラから西北に約六〇kmの村。カンルーバンは、後に米軍の収容所が設けられたところで、マニラから南へ約六五kmの村、メデリンはセブ島の中心地セブから南へ約一一五km下ったところにある町、マナプラはネグロス島北部の、海に面した大きな村。

注二七 日本初の原子力船むつは、昭和四四（一九六九）年六月一二日に進水式を行なったが、九月一日に放射能漏れ事故を起こした。

注二八 旧ソ連時代の作家ソルジェニーツィンの作品名。自身の強制収容所（ラーゲリ）体験に基づいている。

第三章　実数と員数

一

人が何かの原因を箇条書きにするとき、最初に来る条項は、その人にとって最も印象が強烈だった直接的原因であろう。

たとえば石油ストーブがひっくりかえって火事になった場合、人はまず、ひっくりかえって一面の火の海になったことが強烈に印象づけられても、ひっくりかえればすぐ火の海になる構造上の欠陥は、すぐには念頭に浮かばない。確かに「印象の強烈な原因が最も重要な基本的原因」だとはいえない。それはその通りであり、従って、後世の歴史家が、まず「遠因・近因・直接的原因・発火点＝偶然の端緒」といった記述法をとっても、それはそれで別に不思議ではない。だが現場にいた目撃者の記録《ヒストリア》は、その人が本当に目撃者であるなら、「後代の史家」のような書き方をするはずがないのである。

彼はまず、だれがどのようにつまずいて石油ストーブがひっくりかえり、ついで一面の火の海になったかを記し、その後で、構造的欠陥から周囲すなわち家屋等の欠陥さらにそれらの欠陥を生み出した精神的欠陥へと進むであろう。本当にその現場にいた人間の直截《ちょくせつ》的な記録がもしこの形をとっていなければ、それは非常に奇妙なことと言わねばならない。そしてこのことは、記事とかルポとかの信憑《しんぴょう》性を計る尺度にもなるであろう。

岡本公三(一)の裁判のとき、ある新聞記者は、ホテルから通訳のI氏に電話をしただけで、一度も法廷に姿を現わさないで記事にした。これでは、東京から電話しても同じことだが、I氏が久しぶりに帰国してその新聞を見ると、何と、法廷で自ら取材したように書かれていたという。私はそれに興味を感じ、その新聞を探し出して丹念に読んでみた。

確かに秀才の文章、きわめて巧みに整理され、I氏から電話取材した現場の情景が、巧みに、形容句のような形で文脈に挿入され、叙述それ自体はまことに〝格調の高い〟もので何ら破綻《はたん》がないが、視覚に基づく強烈な印象が構文の先頭に出てきておらず、現場の目撃者の記録とは、基本的に構成が違っている。またその人が「見た」なら、その人の「見た」に基づくその人の判断があるはずであり、それがI氏の判断とも世の通念・通説とも異なっていて少しも不思議ではない。それが「見る」ことであり「知る」ことであろう。

多くの国の言葉で、「見る」は同時に「知る」「理解する」の意味である。通念・通説・他人の判断の受け売りは、見ることでも知ることでもない。従ってそういう文章をいくら読んでも、人は、何かを知ったという錯覚を獲得するだけで、実際には何も知ることはできない。それでいて、何もかも知ったと思いこむ。そしてこうなると「知る」とはどういうことなのか、それさえ知ることができなくなってしまうのである。

そういう状態がきわめて日常化した今日、小松氏の「敗因二十一ヵ条」の第一条、その冒頭の一句「精兵主義の軍隊に精兵がいなかった事」は、人によっては、「浅薄な見方」ととるかもしれないが、私には逆に印象的であり、一種の感銘さえうけた。氏ははっきりと「いなかった」と断定されている。そしてこれが、小松氏という目撃者には、「最も印象が強烈であった直接的」な敗因であったろう。これに対して「表面的にしかものごとを見ていない」といったような、「受け売りの通念」に基づく批判はもちろん可能だし、また自称「精兵」や「精兵伝説」の信奉者や遺族から、感情的反撥《はんぱつ》があっても不思議ではない――「現にいたじゃないか、私の兄弟が」といったような形で。

それは、たとえば社会党の不振は「社会主義の政党に社会主義者がいなかったこと」と断じたら起るであろう反撥と、似たものかもしれぬ。というのは、自らが奉ずる主義を体した主義者が、その主義を金科玉条として外部に向って掲げる組織内に一人もいなかったという断定は、その組織にとっての死刑宣告に等しいからである。

だがそれだけですまない、小松氏の厳しい宣告には、さらに「止メ」のような言葉がつづく。「然《しか》るに作戦その他で兵に要求される事は、総《すべ》て精兵でなければできない仕事ばかりだった。武器も与えずに」と。

一体この問題の基本はどこにあったのだろう。比島にも精兵が皆無——すなわち正確な字義通りのゼロ——であったわけではない。そのことは、本書内の「垣《かき》兵団」の描写、また個々の勇敢な将校・兵隊の描写にも表われており、そういう例外的存在があったことを、小松氏自身が知らなかったわけではない。

では、氏はなぜこの二十一ヵ条の冒頭で、「いなかった」と断言されたのか。否、氏だけでなく、私自身も、山下大将(一)の比島赴任に際して満州の孫呉から転用されて来た関東軍の最精鋭、後にバレテパスで全滅した「鉄兵団」の揚陸援助に参加し、それを見て「ほう、日本にもまだこれだけ充実した師団があったのか」と感嘆した経験をもちながら、なぜ小松氏の「いなかった」という断定に共感するのであろうか。

これは、おそらく「ある」「ない」あるいは「いる」「いない」をどう受けとるかという問題である。戦前の日本に、絶対的平和主義者や合理的実証主義者はいなかった、といえば、それへの反論は簡単であり、反証はすぐあげられる。

ではそういう人がいて、なぜあのような無謀な戦争をはじめたのかと問われれば、その人たちは、日本の方向を定める一勢力としては無きに等しい例外的存在であり、なにもなし得なかったという点では、無きに等しかった、と答える以外にない。後代がそういう人を発掘して高く評価すること、それは確かに意義のあることだが、それは「その人が当時でなく、現代に影響を与えている」という意味で現代に存在しているのであって、その時代には存在していないということなのである。

歴史上にそういう人物は少なくない。その場合、その人は、「いま」存在していても、その人が生きた時代には、今のような形では「いなかった」のであり、従って、その時代の目撃者の言としては、「いなかった」が正しい。これが目撃者の記録と後代の記録の違いだが、それを混同して、「その人がその時代にいた」とするのは、実は、錯覚にすぎないのである。

後代の評価は、その後代にしか影響を与えず、その評価に基づいて過去を行動しなおすことは、人間には不可能である――もっとも虚構の過去を再構成することはできる。だがそれは、再構成しているその時点の出来事にすぎない。そして、前述のように、そういう作業からは、小松氏の第一条のような結論が、冒頭に出てくることはないわけである。

ある一つの主義に基づき、ある対象が在ることにする。奇妙なことに、これが、歴史的にも同時代的にも、そして昔も今も日本で行われてきたことであった。精兵主義は確かにあった。しかしその主義があったということは、精兵がいたことではない。全日本をおおう強烈な軍国主義があった。だがその主義があったということは、強大な軍事力があったということではない。

ところが奇妙なことに、精兵主義があれば精兵がいることになってしまい、強烈な表現の軍国主義があれば、強大な軍事力があることになってしまう。これはまことに奇妙だが、形を変えれば現在にも存在する興味深い現象である。そしてこの奇妙な現象が日本の敗因の最大のものの一つであった。そしてそれを思うとき、小松氏が、これを二十一ヵ条の冒頭にもって来たことは、私などには、なるほどとうなずけるのである。

なぜこういう奇妙なことが起るのであろう。日本人全部がいかに激烈な軍国主義者になったところで、昭和のはじめの日本の常備兵力は、実質的には日露戦争時と変らぬ旧式師団が十七個あるだけであった。総兵力十七個師団。約三十万人余。これは、当時の日本の経済力を考えれば、ほぼ精一杯の師団数であったろう。通常、完全編制の一個師団の兵員は一万五千だが、日本の師団は二万。その理由は、自動火器の不足を単発の小銃の数で補うためだったといわれる。

その火力はアメリカの戦艦の五分の一以下、簡単にいえば、五個師団半の火力の総計でやっと戦艦一隻分の総火力である。そして伊藤正徳氏（三）によると、この十七個師団の中で、アメリカの海兵師団と対等にわたりあえる能力のある師団は、一個かせいぜい二個であったという。

日本全体がどのような主義を奉じようと、奉じただけでは、現実にはこの数がふえるわけでも減るわけでもない。全日本人が強烈な軍国主義者になれば一気にこれの能力が十倍百倍するわけではなく、海兵隊と対等でわたりあえる師団が一個師団か二個師団という現実には、何の変化もありえない。

そしてまたその逆が到来したからといって、それだけで、その能力が十分の一になるわけでもない。強烈な言葉や激烈な表現また誇大なスローガンの氾濫《はんらん》も、それだけでは何の実質的変化をもたらすわけがない。そしてそれが日本人全体にどのような心理的効果を与え、それがどのように日本を規制しようと、外国にとっては、所詮《しょせん》、犬の遠吠《とおぼ》えにすぎない。

以上のことに、反対する人はいないであろう。だがそのわかりきったことが通用しなくなり、精兵主義があれば精兵がおり、軍国主義があれば強大な軍隊が存在することになってしまう不思議な現象。一体これは、どういう図式で、どのようにして、そうなるのであろうか。昔の例はかえってわかりにくいと思うので、その図式とほぼ同様の最近の例をあげて解明しよう。

われわれにとって、動かすことが出来ないものに、まず単純な「数字」がある。たとえば、十七個師団という数、その中に含まれる火器の数と火力の合計、それらの総計としての全師団の総軍事力という「数字」は、主義主張によって変化するわけではない。ましてある「数」の実数を軍国主義者が計算しようと平和主義者が計算しようと「数」は「数」であり、もし、両者の間に差が出るなら、どこで誤差を生じたか厳密につきあわせれば、それも解明できるはずである。

従って、それを行わずに、その数を多く見れば何主義者、少なく見れば何主義者といった分類を行う者がいれば、それは実にこっけいな存在といわねばならない。まして、その実数を無視して、この数をある数量と見ない者には何らかの資格がない、といった発言は、こっけいを通りこして馬鹿げている。

ところが奇妙なことに、昔も今も、このばかげた発想が存在するのである。その昔、火力その他から厳密に計算して、日本の師団のうち海兵師団と対等でありうるのは一、二個師団、と公然と発言する者がいれば、それだけで、その者は日本国民の資格のない者、すなわち非国民であった。だがしかし、それへの反論は、常に、厳密な合理的数字による反論ではないのである。

そして現在、しばしばこれと似た発想が表われるのが、春闘などに動員された労働者の「数」である。この「実数」は厳密に計算すればだれが計算したとて同じ「数」であって、その人の奉ずる主義主張によって、現実に実在する数が増減することはありえない。

しかし最近の「春闘決起大会」の動員数などでも、その数のいずれをとるか、「大」をとるか「小」をとるかが、明らかに一つの資格審査すなわち一種の「踏絵」になっており、その踏絵としての力の方が、「実数の正確な調査」に優先しているのである。主催者の春闘共闘委員会の発表した「数」は二十万人、警視庁調べでは三万一千人である。この差は一対七であり、もし「一」が実数、「七」が虚数、そしてこれが「戦力」の計算だと仮定したら、太平洋戦争の開始時の情況もある程度理解できるのではないかと思う。

というのは、両者の国力の差も、どうひいき目に見ても一対七か一対九であった。従って日本がもし「三万一千」が実力数でありながら「二十万」という〝虚数〟を基《もと》にして両者を対等と見なしていたなら、開戦は必ずしも気違い沙汰《ざた》といえなくなる。そしてその場合、問題は、開戦そのものより、なぜ虚数を実数としたかにあるはずである。

では一体、この二十万と三万一千は、どちらが実数なのであろう。新聞には、「二十万についでは、発表寸前まで内部からも批判があり、大会に参加した一般組合員からも失笑を買った」とある。だが面白いことに、大会の責任者井口幹事にとっては「正確な実数」は問題でなく、どちらの数をとるかは、その人の資格問題なのである。従って氏は「ホコ先を新聞記者諸氏に向ける。『新聞記者が、三万一千という警察の数字を信ずるようじゃ、もはや労働記者の資格ないよ』」と。また内部の批判者も結局、大会責任者の「『発表が二十万人になっているんだから……』〝公式数字〟は二十万だといい直す」（以上「週刊新潮」所収）という形になる。

　では一体全体、本当にそのままのそこにいた人間の数は何人か、といえば、結局わからないのである。そしてそれがわからない理由の一つは新聞の態度にある。主催者側二十万、警視庁側三万一千と書いてあるが、当新聞社の調査では何万という数字は常に書いておらず、新聞は新聞として独自の調査をし、国民が判断を誤らぬよう、自らの責任で正確な数字を発表する義務があるとは、昔も今も考えていないわけである。

　以上の図式は、太平洋戦争勃発《ぼっぱつ》時と非常に似ている。もしアメリカが、「海兵師団と互角に戦える戦闘師団は日本に一、二個師団しかない」と発表すれば、これはいわば「警視庁の発表」であって、その「数字を信じるようじゃ、もはや日本人の資格ないよ」つまるところ非国民なのである。またたとえ軍の内部に批判的なものがいても、公式発表たとえば、大本営発表があれば、その公式発表が正しいといい直す。そのほかに、以上のいずれにもよらぬ第三者、たとえば新聞社自体が示す「数＝評価」といったものもない。

　従って、その実体は最後には、だれにも把握できなくなってしまう。「二十万」と発表した人自身が本当は実数を把握していない（と私は思う）のと同じである。そして激烈な〝軍国主義〟が軍事力とされてしまうから本当の軍事力はなく、〝精兵主義〟が精兵とされるがゆえに精兵がいない、という状態を招来し、首脳部は自らの実状すら把握できなくなってしまうのである。

それが最終的にどういう状態を現出したか。小松氏は、的確に記している。

日本軍の火力

友軍の火力としては高射砲が三門あるだけで、他は若干の重軽機銃と少数の迫〔撃砲〕、飛行機からはずした機関砲、旋回機銃位《ぐらい》のもので、三八銃(四)もろくになかった。自分達の今井部隊（岡本中佐転任後、今井少佐部隊長代理となり今井部隊となる）は二千名の兵員に対し三八銃が七十丁という情けないものだった。

全ネグロスの友軍の兵員（陸軍、海軍、軍属、軍夫）二万四千のうち、陸軍の本当の戦闘部隊は二千名そこそこで、あとは海軍軍需部、海軍飛行場設定隊、陸軍は航空隊、飛行場大隊、航空修理廠《しょう》、航空通信連隊等の非戦闘部隊が大部分だった。戦闘部隊の三分の二は高原地の戦闘で失われてしまい、これの補充に航空関係の部隊が当り、次々と消滅してしまった。

一発撃てば五十発位の御返しがあるので、攻撃の好機があっても攻撃もできず、米軍が大きな姿勢でのこのこやってくるが、どうにもならなかったという状態だった。ただ、たこ壺《つぼ》(五)からの狙《そ》撃《げき》や、切り込みで僅《わず》かな戦果をあげる程度だった。各人に渡った兵器は、岡本隊で作ったもので、爆弾（を分解してその火薬）から作った手榴弾《てりゅうだん》位のものだった。

こんな調子だから初めから戦争にならず、高原の戦闘は二十日位で終り、あとはジャングルに追い込められ、逃げる事と隠れる事に専念していた。一度発見されれば、爆撃砲撃でジャングルがすっかりはげ山になるまでやられるのだから、如何《いかん》とも処置なしだ。

一発の応射も難《かた》く壕《ごう》に拠《よ》り、一線の戦友敵《とも》をにらむか（四郎）

確かに総兵力二万四千、しかし戦闘部隊は二千で十分の一以下、さらに今井部隊では兵員二千に対して、明治三十八年式の歩兵銃が七十丁、簡単にいえば、少なくとも全員の九割は戦闘力としてはそこに存在していない。ただ標的として殺されるために存在しているに等しい。これが軍国主義はあっても軍事力はなく、精兵主義はあって精兵がなく、客体への正確な評価を踏絵にかえ「二十万なら資格あり、三万一千なら資格なし」としつづけた一国の終末の姿である。

そしてこのことは、もう一方から見れば、陸軍の宿痾《しゆくあ》ともいえる員数《いんずう》主義（六）を生む。「数があるぞ」といえば質も内容も問わない。これが極端まで進めば、「数があるぞ」という言葉があれば、そしてその言葉を権威づけて反論を封ずれば、それでよいということになる。これは実に奇妙に見えるが、形を変えれば今もある。

前述の春闘の共闘委の西野事務局次長は「二十万？　三万一千？　問題」に次の通り答えている。「つまらんことを聞きにくるんだねえ。二十万人招集したわけだから、ま、二十万人集まったと発表した。ただそれだけのことですよ……」。

これは実に面白い考え方である。「二十万招集した、しかし三万一千（？）しか集まらなかった」という事実は、問題でないのだというわけである。結局、招集数と実数の差は「実体なき員数」（これこそ員数の極致）でうめ、「二十万集まったと発表した」わけである。なぜそうしたか、

「――要は東京で中央集会をやりましたということ。こんなに気合が入っています、と新聞に出れば、いよいよ春闘が始まったゾという空気が、下部や地方に流れて行く。そこにこそ意味があるんだからねえ」。

大本営も大体これと同じ考え方をしていたらしい。大兵団を比島に送りこむゾ、マレーの虎山下大将が総司令官になったゾ、大航空兵団が来るゾ、南方総軍司令部が寺内元帥（七）以下天王山のマニラに乗りこむゾ、……ゾ、……ゾ……ゾ……ゾゾゾゾ……。だがそれは結局、それをやっている人間の自己満足にすぎない「員数主義」である。そして、小松氏のような普通の常識人には、バカバカしくて見ていられないのである。

南方総軍来る

五月に南方総軍司令部が昭南（八）から何の為か移転してきた。我々十四軍司令部付文官は、大部分南方総軍司令部付に転属になった。

寺内閣下はオープンの高級車にヘルメットをかぶり元気な赤ら顔をしてマニラ市内を乗り回している。総軍がきてからはマニラの敬礼が馬鹿に喧《やか》ましくなり我々敬礼しつけぬ者が、自動車で通る閣下を指さしてあれが寺内だ等言っていると、憲兵になぜ敬礼せぬかと散々油をしぼられる。十四軍時代と違ってマニラは閣下の氾濫だ。

総軍がきて比島も決戦場らしくなるかと思ったら、物価は急に騰貴し、三月頃ウエストポイントの半ソデ、半パンツが一組百円前後だったのが千円近くになってしまった。それにテロ事件は続出し寺内閣下の官邸の前には、毎朝日本人に使われている比人の惨殺屍《し》（体）が裸にされ放り出されたり、真昼間城内の大通りで憲兵とゲリラが撃ちあったり、又地方でもゲリラの活動は活況を呈してきた。

　そのうち南方総軍はマニラを捨てて仏印（九）に移転するということになった。「一体、何をしに寺内さんは来たのか？」「物価をあげにさ」という者もいた。朝令暮改心暗くなってきた。

大航空ペエージェント

南方総軍の来る少し前、マニラ東飛行場（ニコラス）で大航空ペエージェント（一〇）があるというので見物に行く。大いに期待していたのに何んと出場機の少いこと。出てきた機種はノモンハン（一一）の花形戦闘機だの南京爆撃のキ－21等、時代遅れの飛行機ばかり。こんなことで七月攻勢ができるのか心細くなった。それでも「米機来《きた》らば片っぱしから撃墜する」と豪語していた。比人要人は何と思ったことか？

レイテ島へ（部分）

戦闘機が空中戦闘の訓練を盛んにやっている。整備員曰《いわ》く、「戦闘機の野郎、敵が来ればすぐ逃げるくせに敵がいなければ独り芝居か」とあざ笑っている。偉いことを言う兵隊だとあきれる。

員数

形式化した軍隊では「実質より員数、員数さえあれば後はどうでも」という思想は上下を通じ徹底していた。員数で作った飛行場は、一雨降れば使用に耐えぬ物でも、参謀本部の図面には立派な飛行場と記入され、又比島方面で○○万兵力を必要とあれば、内地で大召集をかけ、成程内地の港はそれだけ出しても、途中で撃沈されてその何割しか目的地には着かず、しかも裸同様の兵隊なのだ。比島に行けば兵器があるといって手ぶらで日本を出発しているのに比島では銃一つない。やむなく竹槍《たけやり》を持った軍隊となった。日本の最高作戦すらこの様な員数的なのだ。

今井部隊で砂糖十俵を輸送して、着いた俵は十俵あったが実量は飯盒《はんごう》四杯という事もあった。偉い人は一日中壕の中で米や罐詰《かんづめ》を腹一杯食べて兵には米百グラムで雨の中を米の運搬をさせるのだから途中で米が減るのは当然だ。「糧秣《りょうまつ》運搬をすれば米の減るのはあたり前だと考えているのは実にけしからん」と河野（二二）閣下が怒鳴っていたが馬鹿な話だ。

こういう状態でも「命令」は来る。だがその「命令」は、〝員数〟を〝実数〟と仮定しての命令だから、はじめから実行不可能だ。それに対して、どのように実状を説明しても無駄なのである。なぜそうなるか、それはもう説明の必要はあるまい。小松氏は次のように記している。

無理な命令

命令の中には無茶なものがたくさんある。できぬといえば精神が悪いと怒られるので服従するが、実際問題として命令は実行されていない。「不可能を可能とする処《ところ》に勝利がある」と偉い人は常に言うが？

すなわち、悪いのは「できぬ」という「精神」であって、員数という架空の数を実数と見なして命令を下しているものではない。こういう状態に長い間おかれた者は、心底では一切を信用していない。私は以前「歴戦の臆病者《おくびょうもの》はいるが、歴戦の勇士は存在しない」と記したことがあるが、小松氏も、これと非常によく似た観察をしておられる。

歴戦の勇士

歴戦の勇士もたくさんいたが、彼等は「戦い利あらず」の場面に多く際会して、人間の弱点を良く知りつくしているので、自分の身を処するに余りにも利口となり、極端な利己主義になっていて余りあてにする事ができなくなった。

結果として一切が水増しとなり、すべての「数」が、虚構になる。それを知ったとき、最終的には、すべての命令も指示も理論も風化し、人はただ自己の経験則だけをたよるのである。

二

一体、この〝精兵〟がどのような戦闘をしたのであろうか。

おそらくこの世の中で最も描出しにくい対象が、戦闘であろう。単純な例をあげればだれにでもわかるであろうが、リングで死闘するボクサー、特に負けた方に、自分の戦闘を正確に描写しろ、といってもおそらく無理であろう。もちろん観客特に審判はその戦闘経過を正確に見ているであろうが、彼が見ている情景は、戦闘者の目に映っている相手の像でもその場の情況でもない。またある状態、たとえば打撃や転倒における描写は、観客・審判・打撃者・転倒者、みな違うはずである。

戦場にはもちろん、リングの外の安全地帯から、パノラマのように彼我《ひが》の戦闘状態の全景を見、正確かつ冷静にこれを記録している人間は、いない。海軍には、事後の作戦のため戦果を確認する戦果確認機が超上空にいたそうだが、これも、末期にはなかったそうである。人によっては、比島沖海戦の戦果の途方もない誇大発表の一因は、それであるという。だが陸軍では、各個人の戦闘の全経過を客観的に上空から眺めること自体が、はじめから不可能である。

戦闘状態の人間は、大体において無我夢中であり、一見冷静に見える者も、常軌を逸していることは否定できない。特に銃弾が、しだいに身に迫ってきて、空《くう》を切る音がピュッ、ピュッから、パシッ、パシッと変わったり、平ぐものように這《は》いつくばっている凹所のすぐ横のボサ（小灌木《しょうかんぼく》）の小枝が、一定の高さで、鎌で刈られるようにきれいに機銃弾ではじきとばされていくのを、わずかに顔を横にむけて横目で見上げているような状態では、戦闘の全般をパノラマのように頭に浮べ、その中における自己の位置を正確に位置づけるなどということは、はじめから不可能である。

それは、自己の戦死の情況を自ら叙述することが不可能だ、という状態に似ている。ピュッピュッかパシッパシッとなる。それから先を知っている人間は、大体この世にいない。だが奇蹟《きせき》的に、それを知りかつ生きている人間がいないわけではない。

先日小野田寛郎氏に会ったとき、氏は、奇蹟的に助かったある一瞬、銃弾が「見えた」と語った。そのとき私は、氏と全く同じことを海軍陸戦隊の一兵曹が語ったことを思い出した。ピュッもパシッも、その音が聞こえたことは自分が生きている証拠、そして銃弾はすでに過ぎさった証拠である。どのように身近を通ろうと、耳許《みみもと》をかすめようと、横を通過する銃弾は、音だけで、目には見えない。しかし自分の正面へまっすぐ進んでくる弾丸は、白刃《はくじん》が目にもとまらぬ速さでまっすぐ自分に向ってくるように、一瞬白く見えるが、音は聞こえない、と。

この兵曹の場合は、その無音の白刃が、胸元に右手でかまえていた拳銃《けんじゅう》に命中した。銃弾は破片となってとび散り、彼の右目は、半ば失明していた。私には、こういう体験はない。だがこれに近い状態にある人間には、戦闘全般の情況など全然脳裏にないことはわかる。彼が生きているのは、そこの全般的情況とは別の世界である。

戦記などに時々、激烈な戦闘状態にある自分を客観的に描いているものがあるが、私などには、一体どうやったらそういうことが可能なのか、さっぱりわからない。本当に戦闘を見たなら、その人が見た位置が明らかでなければおかしい。もっともフィクションなら別だが――。

そしてこの奇妙さは、いわゆる南京虐殺のルポにも出てくるのである。そしてこういう奇妙さがない前記のような記述は、一つの個人的体験としては正直な記録であろうが、しかし、広い戦場における一個人の視野に入る部分と、無我夢中で情況に対応しているその人の受ける印象は、えてして、全体の様相とは全く違ったものになっている。

そしてそれは空間だけでなく、時間まで変質してしまう。わずか数分が数時間に感じられる。そしてその数時間、休む間もなく自分に敵の攻撃が集中し、勇戦奮闘それを撃退したように思いこむ。ところが実際は、時にはそれが数秒で、一瞬の敵の陽動が威嚇であって、相手の本当の目標は全く別のところであっても、本人にはそうは思えない。無理もない。その人間にとっての最大唯一の関心事は自分の生死であっても、他人の生死ではないから――。

この点、小松氏の次の記述は大変に面白い。

攻防戦を高見の見物す

或日《あるひ》食用野草調査に東海道（二三）方面の高原が一望に見える所へ行った。下界は米軍が物量に物言わせての正攻法の最中だ。ロッキード（二四）、シコロスキー、ノースアメリカン等が銃爆撃を盛んにやり、次に観測機が来て、友軍の陣地の上空を飛んでいる。すると、野砲、迫撃砲をドンドコ、メチャメチャに打ち込み、次に戦車に歩兵を伴って来、戦車砲と火焔《かえん》放射器で友軍のいそうな所を焼き払う。友軍はまるきり手が出ないで、ただ、たこ壺にうずくまっているだけだ。まるで戦争にならん。これではいかんと思う。

これは、短いが実に的確そのものの戦闘記録である。太平洋戦争を、否、ノモンハン事件ですら、戦場を一望に見わたせる位置からそれを眺めたら、すべてがこの通りであったろう。従って、「命令」などというものは、それがどんな激越な口調で伝達されようと、はじめから無効なのである。小松氏も、高みの見物しておられたのはほんの短時間で、敵はすぐに、自分の足許《あしもと》にまで迫ってくる。そしてこの状態では、「命令」なるものが何の力もないことをつぶさに見ている。

　ギンバラオ、サンポウ台も持ち切れず、敵はどんどん我々のそばへも来るようになった。

羽黒台陣地死守

今井部隊長から坪井隊に羽黒台(一五)死守の命令がきたので、たこ壺を掘り出した。兵員は相当いても、兵器としては小銃が十程あっただけだ。それで死守せよというのだから無理な話だ。二日程したらこの死守の命令は消えるともなく消えてしまった。死守命令もさっぱり権威がなくなったものだ。

この頃は夜も迫がくるので壕の内で寝るようになった。

羽黒台退却

死守するはずの羽黒台を一戦も交えず退却する事になった。落ち行く先は羽黒台の裏山（三里半後方）のマンダラガン連山の天神山（一六）の無名稜線《りょうせん》だ。（一七）先発はそこへ家と壕を作りに行っていた。

　これはわれわれも同じであった。〝死守〟〝死守〟と声を大にして言われても、実際には何もできない。従って、敵が来ればそこにいてそのまま殺されるか、後退して生きのびるかだけであって、いずれにせよ〝守〟は不可能、タコツボがそのまま墓穴になるか、もぬけの殻になるか、だけである。

　そして長期間必死で〝死守〟し相当に効果があったと思っていた場所でも、実は先方が予定の「攻撃停止」をして、別の場所に戦車道を切り拓《ひら》いていたにすぎないことを、戦後に知った。そしてそれは、敵を撃退したと錯覚した場合も、同じであった。

　以上のことは、実に奇妙な事件、人類史上皆無の事件ではないであろうか。あらゆる船舶を動員し、スクラップ同様の船にまで、船艙《せんそう》にぎっしりと人間をつめこむ。そして、それを制海権のない海に送り出し、死へのベルトコンベアにする。やっとそれを逃れたものは比島各地に送られる。しかし武器はない。否あったところで三八式歩兵銃だ。

　そこへアメリカ軍が来る。対抗する方法は皆無だからただタコツボを掘ってそれにひそむ。相手は砲爆撃・戦車・火焔放射器でこれを掃滅する。残った者は次の稜線に下がる。そしてまたタコツボを掘ってその中にじっとひそむ。相手はここでまた砲爆撃・戦車・火焔放射器でこれを掃滅する。残った者はまた次の稜線へ下がる……これが、まるでブルドーザによる開墾のように、順次順次とただくりかえされているのである。

その間、恐るべき多量の言葉が、前線でも後方でも大本営でも浪費される。しかし現実の情況は、上記の順序で、すべてはまるで機械仕掛のように正確に進んでいるにすぎない。従ってアメリカ軍にとっては日課的作業なのである。

敵の攻撃

米軍の攻撃は朝八時から砲撃が開始され、十二時になるとぴたりと止めてしまう。そして一時頃から夕食まで猛烈に火砲を以《もっ》て攻撃し、戦車に歩兵を伴い、どんどん進撃して来る。夜間になると大部分は引き上げてしまい迫と野砲を時々思い出した様に打ってくる訳だ。この米軍の戦争勤務時間外が友軍の行動時間だ。

これが〝戦争〟と呼べるのであろうか。一方的な、大量虐殺ではないのであろうか？　彼らの日常はサラリーマンの日常であり、強制収容所の殺人工場の作業が原野に移り、勤務員がそこに出勤して来るに等しいのである。

いや斬込《きりこ》みもあった、夜襲もあったという反論もあるかも知れぬ。確かにあった。そして勇敢な人もいた。だが、少なくとも自らそれに赴いた者にとっては、それは、滔々《とうとう》と押しよせてくる洪水に石を投げるか、巨大な圧殺用大ローラーに、待っていて潰《つぶ》されるより跳びついて圧殺されたという行為に等しかった。さらに、稜線から稜線へという後退は、食糧をゼロにした。

この状態を戦闘というなら、戦闘は身軽でなければできない。しかし身軽になるには、一切の食糧を捨てねばならない。従って、一歩一歩と後退するたびに、食うものがなくなってしまう。予《あらかじ》め集積した糧秣は敵の手に落ちてしまう。また爆弾・焼夷弾《しょういだん》で焼き払われていく。

結局、精兵どころか、武器皆無・戦力皆無に等しい軍隊、というより戦闘無能集団が、何とか日々の食糧を確保して餓死をまぬかれるため、広大な野天《のてん》収容所を、ただ、右往左往し、食うことに専念する形になってくる。

しかし、食べつづければわずかの食糧はいつかはつきる。そうなると、死のローラーの鼻先で、イモを植えて自活しようということになる。それ以外に命をつなぐ方法はない。小松氏は、その情景を的確に記している。

現地自活研究指導班の誕生

有富参謀、鈴木参謀と横穴の内で会談した。有富「もう糧秣はほとんどない。この危機を切り抜けるには密林中の植物を食べる以外はないと思うが、いかに」自分「全くその通りと思います。それで、入山以来この地帯の食用植物の研究をやってきました」有富「それではその研究結果を各部隊に教育してくれ」自分「承知」有富「主食になる物はないか」自分「ジャングルの中にはない」有富「ジャボクの様な大きなシダの芯《しん》が食べられるそうだが、あれはだめか」自分「丸八《まるはち》ヘゴの頂部の芯と葉柄《ようへい》の芯は美味で食べられるが量が少く、澱粉《でんぷん》質もあるかどうかさえ疑問です」有富「澱粉があるかないかわかるか」自分「ヨウチンがあればわかります」有富参謀、当番にヨウチンとヘゴを取りにやらせる。試験してみれば、わずかに澱粉反応があらわれた。「少量はあるが副食程度で主食とはならない」有富「ヘゴに似た黒い木は山中にたくさんあるが、あれは食べられぬか」自分「あく抜きせねば食べられない」鈴木参謀「野草だけでは無理と思うが、このジャングル中で甘藷《かんしょ》の栽培は不可能か」自分「台湾の高山蕃人《ばんじん》(一八)はかなりの高山で芋を作っているから、場所を選べばできると思います」横田「できます」有富「では当分の間兵団にいて、自活法の研究指導をやってくれ。友軍の死活の問題だから明日の命令受領者に現物教育をしてくれ、それから、四人だけでは不便だろうから坪井隊からあと五、六人追加させよう」この会談はこれで終わり、近くの貨物廠《かもつしょう》(一九)に行き一泊した。(中略)

ここでの仕事は食用野草の講習、丸八ヘゴだけを食べた時の試験、黒ヘゴの食用化、ヘゴの立木調査及分布調査等を主として行った。まるで動物実験のモルモット部隊だ。

現地物資利用講習要旨

当時の糧秣運搬は米と塩だけに主力をおいていたので、兵隊達は少しばかりの米だけで副食無しでいた。栄養失調、脚気《かっけ》患者が続出していた。戦力の保持上というより生命維持をするには、どうしても各人が自発的に現地物資をできるだけ多く食べねばならない。このジャングル内の現地利用物質をあげれば次の通りである。

動物質＝渓流のドンコ、エビ、カニ、オタマジャクシ、鰻《うなぎ》、ニナ、タニシ、トカゲ、トッケイ（二〇）、大トカゲ、蛇、蛙、カタツムリ、ナメクジ、猿、鳥類（インコ―その他）、野猪、鹿、犬、猫、鼠、虫類ではコガネ虫、バッタ、蜂の子、コウロギ、カミキリの幼虫、蟬等

植物質＝電気イモ、ヤマイモ、バナナ、バナナの芯、檳榔樹《びんろうじゅ》の芯、筍《たけのこ》、春菊、水草、サンショウ草、丸八ヘゴ、秋海藻、藤の芯、リンドウの根、キノコ、ドンボイ（紫色の実）等

煙草の代用＝水苔《みずごけ》、谷渡り、パパイヤの葉、イモの葉

木の皮染め＝白シャツ等目に付き易い物を染色するには木の皮をむき煎《せん》じつめた液に、シャツを浸し灰汁《あく》で固定させる方法

焚《た》き付け＝雨ばかりのジャングル内の生活で火を焚き付けるのは容易の業ではなかった。アチートン（竹柏《ちくはく》に似た木）の樹脂は良く燃えるので、これを集めて利用する事

以上の事を各部隊並びに倉敷紡績の連中に講習した。

大和盆地へ（二一）（農耕予定地）

二十五日、鈴木参謀と一緒になり坪井大尉、兵十名を連れ河野少尉の案内で農耕予定地に向った。十時頃から雨となったが、鈴木参謀はどうしても泊まるといわんので、皆びしょ濡《ぬ》れとなって進む。

二十七日、鈴木参謀、坪井大尉、河野少尉と四名だけで、まだ路のないジャングルを分けて山

頂まで登った。神屋氏等の置手紙が杖《つえ》にはさんで置いてあった。「ここより北東に向った稜線に農耕適地あり、ボガン近く鶏鳴を聞く。糧秣なし。二十八日頃帰る予定」と書いてあった。近くに一年位前誰かの住んだ壊れかかった小屋があり、その横に神屋氏の泊った小屋跡もあった。鈴木参謀が木に登り展望した結果、ここは余りにボガン地区に近すぎ、敵が来れば一たまりもないので農耕不適地域と判断し、山を降り谷川に宿営した。そしてこの谷川を中心に向陽面の山を開いて甘藷を作る事になった。横田二等兵、その他農業技術者を集め畑の準備にかかる。

ここを大和盆地というようになった。

芋蔓取りの切り込み隊

大和盆地に芋を植えるというので坪井隊の兵隊が芋蔓《いもづる》取りの切り込み隊を組織し一週間の予定で出発した。敵に会わんよう土民の畑まで出て芋蔓を背負って来るのだから希望者が多かった。十日目位にどうやら芋蔓を持って帰って来たので芋植えが始った。然し芋ができるまでの糧秣はないので、この芋を誰が食べるか（われわれは所詮食べられないのだ）を考えると兵隊達は働くのを嫌がった。唯《ただ》命令だからやるという程度の仕事しかしなかったが、坪井大尉だけは上司の御意図大事と張り切っていた。

「ドロナワ」という言葉がある。しかし太平洋戦争とは、圧倒的な敵の攻撃を前にしてイモを植える戦争だった――もしこれが戦争といえるならば。だが、イモを植えれば飢えが解消するわけではない。その間、食えるものは何でも食い、生き残る者だけが生き残るということになる。

蛙捕り

谷川に蛙《カエル》はいるが速くてつかまらない。たまに捕えて食べれば天下の珍味だ。これをたくさん捕える方法はないかと研究していたら新しく連れてきた台湾工員の黄君が、蛙捕りの名人で一日で二十匹近く捕えてくる。どうするか見ていれば、谷川の水がよどんで落葉が沈んでいるような所を探して静かに見ていると蛙が出て来る。それを静かに両手でおさえるのだが、彼特有の技術でまねはできなかった。蟹《かに》と蛙は何といっても最大の御馳走《ごちそう》だった。やせとがる裸身の兵の蛙はぐ（水明）

電気イモとヘゴトロ

一日掛盒《かけごう》一杯の米では腹が減ってやり切れるものではない。それで電気イモ（ショウブ科の里芋《サトイモ》の原種の如き植物で、これに三種類あり。その一つは、ちょっとなめただけで舌が三時間位しびれる毒草。次は葉も茎も軟かで実にうまく根には里芋の様な小さなイモが付いていてこれ又美味。三は前者に良く似て区別がつかぬが葉と葉柄の緑が濃く、菖蒲《しょうぶ》と同じ香があり、その香りの為どう我慢しても食べられない。その第二の食用のものでも多少は舌にビリつく。この感じが電気にうたれる感じに似ているので、電気イモといい出した。今日の電気は高圧だぞといってよく笑ったものだ。）をたくさんに採ってきて、朝は葉と茎だけを食べ、昼は芋だけ、夜は飯にヘゴをトロロ状にすりおろしたのをかけて食べる。

これが本当のトロロよりも実に美味だった。それに蟹、蛙等の菜が付くので夜は大したものだった。

この谷川にはヘゴも電気イモもたくさんあったので、坪井隊本部の連中がやせ衰えているのに反し我々は皆元気があった。病人の山田氏や安立上等兵等すっかり健康を回復した。

燕を食う

蟹釣りに神屋達と行く。岩燕《つばめ》がたくさんいる。岩角に巣があり、巣立ち間際の岩燕がいるのを発見し苦心して捕えた。燕の奴は日本へも渡って行くのに、我々は何日に帰れるのかと考える。無性に腹が立ってきた。ポケットにあった戸籍謄本に火をつけ、この燕を食べてしまった。これ又蛙に劣らぬ良い味をしていた。

春来なば北に行くてふつばくろに　切なき思ひいかで託さん

だが結局、敵の進撃の前に、せっかく植えたイモを捨てて、さらにジャングルの奥へと進み、そのようにして、一歩一歩と決定的な餓死への道を進んでいくのである。そしてその状態は、「精兵」どころか、「兵」すなわち戦闘集団の一員としての「資格」すら各人から奪っていく。すなわち全員が、着実に一歩一歩と完全な〝員数〟に化していったわけである。

そしてその第一歩は何であったのだろう。「ない」ものを「ない」と言わずに、「ない」ものを「ある」といういかいわないかを、その人間の資格としたことであった。一言にしていえば「精兵主義はあっても精兵はいない」という事実を、一つの「事実」としてそのまま口にできない精神構造にあった。最後の最後まで「員数」すなわち「虚数」を「実数」としつづけ、そして「実数」として投入された「員数」は、文字通りの「員数」として、戦闘という実質の前に、一方的に消されていったわけである。

人はあるいは言うかもしれない。それは末期的現象であると。しかし、日米両陸軍が本格的な戦闘状態に入ったガダルカナル（三）で、すでにそうだったのである。当時の思い出を語る人がいう。後続部隊であった彼らは、まだ「内地式に、軍旗を奉持して粛々と上陸した。しばし行軍して飯盒の飯を食った後でそれを洗っていると、乞食《こじき》のような奴が洗い流したメシ粒をひろって食っている。変なやつだと思って見ていたら、何と日本兵ではないか。だがそれからわずか十日後、われわれも同じ姿になっていた」と。

演出は実力でない。それも一種の虚数である。従って、ガ島、ニューギニア、比島と、すべてが同じ状態になったことは、当然の結果であった。そしてその根本は、精兵主義という員数の中に、精兵という実態がなかったことである。

注一　昭和四七（一九七二）年五月三〇日（現地時間）、イスラエルのテルアビブ国際空港で、奥平、安田とともに無差別テロ事件を起こした人物。

注二　山下奉文《ともゆき》陸軍大将。太平洋戦争初期に、第二五軍司令官として、マレー半島を五五日で南下し、イギリス軍の大要塞シンガポールを攻め、ブキテマ高原を失わせしめて、英軍を降伏に追い込んだ。

注三　「日本のバイウォーター」と評されていた戦前からの高名な軍事評論家（「バイウォーター」とは、イギリスの有名な海軍評論家）。

注四　「三八式歩兵銃」の略称。明治三八年に、有坂成章大佐の設計で完成され、太平洋戦争終了までの四〇年間使われ続けた代表的小銃。

注五　敵の砲撃や爆撃から身を守るため、地面にタコツボ（蛸を捕えるための、素焼きのツボ）のように掘った一人用の竪穴。

注六　「員数」自体は、単に〝物の一定の個数〟の意だが、〝軍からの支給品は絶対なくしたりしてはならぬ〟という規律から、仮に何かが見つからない場合も、同じ日本軍の他班、他隊等から盗んですら、〝一定の個数には変動がない〟ことにした。これを「員数合わせ」と言ったが、つまりは実体などどうでもよい〝つじつま合わせ〟である。

注七　昭和一〇（一九三五）年に陸軍大将、翌一一年には陸軍大臣を務め、ここに触れられているときには、総軍である南方軍の総司令官（もちろん大将）であった寺内寿一。

注八　シンガポールに対して、日本が付けた名前。

注九　フランス領インドシナのことで、現在のヴェトナム等。

注一〇　〝野外劇〟が原意だが、ここでは〝ショー〟程度の意。

注一一　昭和一四（一九三九）年五月一一日、モンゴルのノモンハン付近で、以前から緊迫関係にあった、ソ連支援のモンゴル人民共和国軍と、日本（主に関東軍）支援の満州国軍とが、武力衝突に立ち至った（第一次ノモンハン事件）。

注一二　「抜《ばっ》兵団（第一〇二師団）」所属の、「歩兵第七七旅団司令部」の部隊長であった、河野毅・陸軍少将のこと。

注一三　ネグロス島西北部の、ギマラス海峡に面した町シライから、島内部のほうへの道に、日本軍が付けた名前。

注一四　以下、ノースアメリカンまで、当時のアメリカ軍の爆撃機や戦闘機の固有名詞。

注一五　サンポウ台の東南二〇㎞ほどのところにある台地。

注一六　羽黒台あたりの山地を、最も高いマンダラガン山（標高一八八〇ｍ）の名をとって、マンダラガン山系とか、マンダラガン連山と呼んだ。その一つに、この天神山もある。

注一七　尾根のこと。ここでは天神山の北側、羽黒台の東南にあった稜線のこと。固有名詞化していた。

注一八　台湾の先住民族のこと。中国人たちの差別意識から「蕃《ばん》（未開の異民族、の意）」の字が用いられていたが、日本の統治時代には「高砂《たかさご》族」が公式用語であった。

注一九　実際の戦闘部隊（野戦部隊と言った）には、軍需品の補給拠点と集積拠点が必要である。それを一般名詞として「野戦補給諸廠」および「野戦諸集積廠」と呼び、その一つが、この「貨物廠」であり（当然「野戦貨物廠」とも呼んだ）陣営具・衛生材料など多くのものをあつかった。

注二〇　ヤモリ科のトカゲ種に属するオオヤモリのこと。ヤモリのなかでは最も大きく、体長が二五㎝を超えるものも珍しくない。

注二一　注一六のマンダラガン山の北側山すそを、当時の日本人は大和盆地と呼んだ。

注二二　オーストラリア大陸より約一七〇〇㎞東北のほうにあるソロモン諸島のうち、最大の島。

第四章　暴力と秩序

日本軍について、私はすでに多くを語った。とはいえ、知りえたすべての面に触れたわけではない。しかし、意識的に「この面には触れまい」と、故意に何かを避けた記憶はない。もちろん私の知識にも体験にも限度があり、また取り上げる問題により、対象の取捨選択はもちろんある。とはいえ、さまざまの現象は何らかの形で互いに絡み合っており、主題に直接関係しない対象に、細かい説明はなくとも、一言か二言か触れざるを得なくなるのが普通である。

私が小松氏の『虜人日記』を読んで、以上の点で、思わず考え込んでしまったのが、次に掲げる数章である。

私は、自らの内心を精査してみて、意識的にこの問題を避けたおぼえはない、と誓言《せいごん》できる。だが、自分の書いたものを徹底的に調べてみて、この問題に、今まで一言半句もふれていないことも、また、否定できない。といって、これに関する他の事態、たとえば軍隊内の私的制裁について言及しなかったわけではない。否、それを主題にして数章をすら記している。ではそれに言及しながら、なぜ、この方には全く触れなかったのであろうか。

氏が記されているのは、オードネル（一）の労働キャンプ（二）のできごとである。では、私のいた戦犯容疑者収容所にはこういった事件がなく、従って私にとってはそれが、印象のうすい単なる伝聞であって、そのために記さなかったのであろうか。

そうではない。私のいた収容所にも全く同じ事件があり、そのため私は、最初に『虜人日記』を読んだとき、これが戦犯収容所の出来事であり、従って、そのとき氏は私と同じ収容所にいたのだと錯覚していたほどなのである。そして一部の人にはそう語りさえした。それほど事の経過はよく似ている。従ってこの点では、私は、氏とほぼ同一の体験をしているわけである。

それなのに、一体なぜ私は、今まで、この問題に触れようとしなかったのであろうか。だが、その自己探索の前に、まず氏の記述を引用しよう。

暴力政治

ＰＷ〔Prisoner of war 戦時捕虜の略〕には何んの報酬もないのを只《ただ》同様に使うのだから皆がそんなに思う様に働く訳がない。我々正常な社会で月給を出し、生活権を握っていても、人は思うように使えないのが本則なのだから、ＰＷがＰＷを使うなどそう簡単にできる訳がない。ところが、このストッケード（三）の幹部は暴力団的傾向の人が多かったので、まとまりの悪いＰＷを暴力をもって統御していった。

といっても初めはＰＷ各人も無自覚で、幹部に対し何んの理解もなく、勝手な事を言い勝手な事をしていたのだが、つまり暴力団といっても初めから勢力があったわけでなく、ストッケードで相撲大会をやるとそれに出場する強そうな選手を親分が目を付け、それを炊事係へ入れて一般の連中がひもじい時彼等にうんと食わせ体力を付けさせた。

しかるに炊事係の大部分を親分の御声掛《おこえがか》りの相撲の選手が占め炊事を完全に掌握し、次に強そうな連中を毎晩さそって、皆の食料の一部で特別料理を作らせこれを特配した。そんなわけで身体の良い連中は増々肥り、いやらしい連中はこの親分の所へ自然と集っていった。為に暴力団（親分）の勢力は日増しに増強され、次いでは演芸部もその勢力下に治めてしまった。一般ＰＷがこの暴力団の事、炊事、演芸等の事を少しでも悪口をいうと忽《たちま》ちリンチされてしまった。

この力は一般作業にも及び作業場でサボッた人、幹部の言う事を聞かなかった者も片端からリンチされた。各幕舎には一人位ずつ暴力団の関係者がいるのでうっかりした事はしゃべれず、全くの暗黒暴力政治時代を現出した。彼等は米人におだてられるままに同胞を酷使して良い顔になっていた。

彼等の行うリンチは一人の男を夜連れ出し、これを十人以上の暴力団員が取り巻きバットでなぐる蹴《け》る、実にむごたらしい事をする、痛さに耐え兼ね悲鳴をあげるのだが毎晩の様にこの悲鳴とも唸《うな》りとも分らん声が聞えて、気を失えば水を頭から浴びせ蘇生《そせい》させてから又撲《なぐ》る、この為骨折したり喀血《かっけつ》したりして入院する者も出て来た。彼等に抵抗したり口答えをすればこのリンチは更にむごいものとなった。或《あ》る者はこれが原因で内出血で死んだ。彼等の行動を止めに入ればその者もやられるので、同じ幕舎の者でもどうする事もできなかった。暴力団は完全にこのストッケードを支配してしまった。一般人は皆恐怖にかられ、発狂する者さえでてきた。

マニラ組

オードネルの仕事はたくさんあるので、マニラのストッケードから三百名程新たに追加された。この新来の勢力に対してこの暴力団が働きかけたがマニラの指揮者はインテリでしっかりしていたので彼等の目の上のコブだった。事々に対立があり、六月十三日大工の作業場の小さなケンカが元で、この夜マニラ組全員と暴力団の間に血の雨が降ろうとしたが、米軍のMPに探知され、ストッケード内に武装したMPが立哨《りつしょう》（四）までした。その内に両者に話がついて事なきを得たが、以後暴力団はこの新来勢力を切り崩す事に専念し、新来者の主だった者に御馳走《ごちそう》政策で近付きとなり、マニラ組内の入墨組というか反インテリ組を完全に籠絡《ろうらく》して彼等の客分とした。これでマニラ組の勢力も二分されてしまったのでその後は完全なる暴力政治となった。親分は子分を治める力も頭もないので子分が勝手な事をやり暴力行為は目に余るものがあった。

コレヒドルから新入者

八月六日。コレヒドル島からPWが三百名程新たに入ってきた。彼等は各地で事故を起したトラブルメーカーばかりで、懲罰の為コレヒドルにやらされたのだから相当な連中だというデマが飛び、今またの暴力団との一戦が予想された。彼等は短刀その他の武器を作り戦闘準備さえしていた。我々としては彼等の滅びるのを心待ちにしていたが流血は恐れていた。噂とは違ってコレヒドルから来たリーダーは寒川光太郎(五)といって芥川賞を得た文化人で、話を聞けば（この人びとは）別にトラブルメーカーの群でなく安心した。彼等がここでどうなってゆくかが心配だった。

クーデター

　コレヒドル組が来てからすぐ八月八日の正午、ＭＰがたくさん来て名簿を出して「この連中はすぐ装具をまとめて出発」と命ぜられた。三十名近い人員だ。今までの暴力団の主だった者全部が網羅されていた。寸分の余裕も与えず彼等は門外に整列させられた。彼等は自分の非業を知っているので処分されるものと色を失い醜態だった、彼等には銃を持ったＭＰが付纏《つきまと》っている。その内《うち》装具検査が行われ、彼等の持物から上等な煙草、当然皆に分けねばならん品物、缶詰、薬等がたくさんでてきた。缶詰その他、ＰＷに配られた物は全部我々に返された。常に正義を口にし日本人の面目を言い、男を売り物とする彼等が糧秣《りょうまつ》不足で悩んでいる我々の頭をはねていかに飽食し悪い事をしていたかが皆の前でさらけ出された。小気味良いやら、気の毒やら。

　それでこのストッケードの主な暴力勢力は一掃された。しかし本部にほとんど人が居なくなったのでＰＷ行政は行き詰まり新たにＰＷの組閣を行わねばならなくなった。ＰＷの選挙により幹部が再編成された。暴力的でない人物が登場し、ここで初めて民主主義のストッケードができた。

皆救われたような気がし一陽来復の感があった。暴力団がいなくなるとすぐ、安心してか勝手な事を言い正当の指令にも服さん者が出てきた。何んと日本人とは情けない民族だ。暴力でなければ御しがたいのか。

日本人の暴力性

ＰＷになってから日本人の暴力性がつくづく嫌になった。もっとも戦争とは民族的暴力に違いないが、これとて弱者いじめの事が多い。日清、日露は強者に対する戦いであったが、日支事変は正に弱者いじめだ。こんな戦いを長いことやっていたので日本人の正義感は腐ってしまったのだ。俠客《きょうかく》も旗本に対抗してきた時代は、弱きを助け強きを挫《くじ》く正義感があって大衆の味方だったが、近来のやくざは強きを助け弱きを挫くだ。弱者を寄ってたかって痛めつけ得意になっている。大東亜戦の南方民族に対するのと同じだ。そして強敵米軍が来たら、ろくに戦争もせずこのざまだ。軍閥と暴力団傾向は全く同じものだったし、日本人の大部分にこの傾向があるのだから嫌になってしまう。今のやくざには正義も俠義も何もない。これからの日本には彼等が毒虫としてしか作用せん事は確実だ。

日本の捕虜になった米人

日本軍に捕えられた米軍将兵の一部がこん度は我々をＰＷとして扱うようになった。彼等は例外無しに一般米人より意地悪く我々には手に負えない人種だ。一体日本人が家畜を飼うと其の家畜の気性がどうしても荒くなる。日本犬、日本馬、日本牛何《いず》れを見ても外国種に比し気が荒く喧嘩《けんか》が好きだ。外国種の家畜を輸入してもすぐ荒くしてしまう。これでは米人捕虜の気が荒くなるのも無理はない。日本人は余程考えなければならない。

以上の引用は、だれにとっても「いやな」記述であろう。人間にとって、「苦しかったこと」の思い出は、必ずしも苦痛ではない。否、むしろ楽しい場合さえある。老人が昔の苦労を語りたがり、軍人が戦場の苦労を楽しげに語るのは、ともにこの例証である。従って、人にとって「思い出すのもいやなこと」は、必ずしも直接的な苦しみではない。

結果的には、自分にとって何ら具体的な痛みではなかったことでも、それがその人間にとって最も深い「精神の創《きず》」、永遠に癒《い》えず、ちょっと触れられただけで、時には精神の平衡を失うほどの痛みを感じさせられる創になっている場合も少なくない。

以上のことは、人が、そのことを全く語らないということではない。語っても、その本当の創には、本能的に触れずに語る。収容所のリンチについては時としては語られることはあっても、それを語る人は、なぜそれがあり、なぜ黙ってそれを見ていたのかは、語らない。そして、だれかがその点にふれると、次の瞬間に出てくるのはヒステリカルな弁明であっても、なぜその事態が生じたかの、冷静な言葉ではない。

時には一見冷静な分析のように見えるものもある。だがそれを仔細《しさい》に検討すれば、結局は一種の責任転嫁——戦争が悪い、収容所が悪い、米軍が悪い、ソヴェト軍が悪い、等々である。しかし、同じ状態に陥った他民族が、同じ状態を現出したわけではない、また同じ日本人の収容所生活でも、常に同一の状態だったわけではない、という事実を無視して——。

だが人が夢中でその転嫁を行なっているとき、それは、その人の最も深い創に、だれかが触れた証拠にほかならない。

収容所におけるリンチ問題をとりあげ、日本人は一種の「暴力性向」があると、歯に衣を着せずはっきり指摘したのは、おそらく小松氏だけであろう。一番いいにくいこと、それに触れられれば殆《ほとん》どの人が「かえりみて他を言う」という態度をとって逃げる問題を、はっきりと「余程考えねばならない」問題として氏が提起したこと、これは本書のもつ一つの大きな価値である。

では一体なぜ、的確に、小松氏が記しているような事態を招来して行くのか。そこには〝一握りの暴力団〟と〝臆病《おくびょう》な多数者〟がいたのであろうか。

そうはいえない。例外者を除けば、そこにいるのはジャングル戦の生き残り、みな銃弾の洗礼をうけ、餓死体の山を通り抜けて生きてきた、強靭《きょうじん》な人びとであった。

では一体なぜこの人びとが、かくも唯々諾々と暴力の支配をうけ入れていったのであろうか。小松氏のいた労働キャンプでは、確かに、「作業」が、暴力団発生の一つの契機となっている。では作業もなく、給与も余暇も十分で、何の苦労もなければ、暴力団は発生しなかったのであろうか。実をいうと、そうではなかったのである。

だが、その問題へと進む前に、「作業なきキャンプ」における暴力団に関する、私自身の体験を記そう。小松氏は「何んと日本人とは情けない民族だ。暴力でなければ御しがたいのか」で一応この一連の記述を結ばれ、暴力性の問題は別に論じられているわけだが、この嘆声に似た結論は、実は、収容所内での、私の結論でもあった。

私の青年時代は、一種奇妙な〝社会主義的〟時代であった。もちろん社会主義という言葉は禁句だが、近衛首相（六）提唱の「社会正義」という言葉があり、一君万民のもと「一人の袍衣貪食《ほういどんしょく》者（七）もなく一人の飢えた者もいない」状態を実現するという〝天皇社会主義〟のようなことが、政治の目標とされていた。

日本には、〝おくげ社会主義〟とか〝雲上社会主義〟とかいった伝統があるらしく、西園寺（八）・近衛という日本の伝統的元老と名門が、共に、社会主義的言辞がお好きなのは面白い。また十九世紀的『レ・ミゼラブル』的正義観といったものも非常に強く、それらが私たちの青年期の主流となった考え方であった。「社会が悪い」という言葉は戦後のものでなく、二・二六の青年将校も革新官僚（九）も右翼の壮士も、共に口にした言葉であった。

また、一体全体右翼なのか左翼なのかわからない存在もあった。たとえば、関東軍と南満州鉄道（一〇）と五族協和会（一一）といえば最も尖鋭《せんえい》な右翼のようだが、満鉄の調査部は「アカの巣」だというのが、公然の秘密として語られていた。そして、それらの右だか左だかわからない革新派には、社会機構万能主義ともいうべき、共通した一つの考え方があった。

その図式は、一言でいえば「なぜ犯罪があるか？　貧富があるからだ。全員平等で日々の衣食住を保障されれば、犯罪などおかす者はいない」といった見方に要約されていよう。「なぜ殺人があるか？　なぜ暴力団がいるか、なぜ強盗がいるか、なぜスラムがあるか、なぜ、なぜ、なぜ……」その答はすべて明快に出ていた。そしてこれは、この時代の常識であり、それを実現するのが新体制であるとされた。

面白いことに、老マルクスボーイなどには、当時のこの状態から一度も出ていない人もいる。ものまねは結局、何の進歩ももたらさないらしい。当時、左翼から右翼に転向した文化人・知識人は決して少なくなかったが、その一人、浅野晃（一二）氏の講演会に行った友人が、一体、左翼と右翼とはどう違うのかと首をひねっていた。

当時本当に地上に現存する左翼政権といえばスターリンの一国社会主義政権しかなく、同様に現存する右翼の代表といえばヒトラーの国家社会主義政権しかなかった。従って、先入観なしにこれらの転向者の話を聞いていた普通の学生には、マルクスの名と左翼用語を伏せて語られる一国社会主義と国家社会主義が混乱して来るのが当然であった。今では、ナチズムとスターリニズムは、当然のように並行的に対比され論じられているけれども。

またマルクス主義自身も、戦争中の学生にとって、決して無縁の存在ではなかった。神田の古本屋へ行けば、臙脂《えんじ》色のクロスの改造社版マルクス・エンゲルス全集は買えた。そして彼らの読書能力も意欲も、今の一般学生よりはるかに高かった。また学校の講義は、一応は経済学説史となっていて、教科書には、さまざまな学説が等ページに並んでいても、教授が実際に講義するのは、その中のマルクス主義の学説だけであった。もっともその教授はそれが理由で、私の卒業後に学園を追われたけれども。これらはいずれも、当時の隠れたる「常識」であった。

そういう人間が、昭和二十一年一月に、戦犯容疑者を入れる第四収容所に入れられたわけである。この収容所は同年四月ごろ中が改組され、全体が四つに区切られた。真中の広い道路の両側は高い有刺鉄線がはられて、その左右がそれぞれまた二分され、その各々に、将官、将校、下士官・兵隊、朝鮮人・台湾人が入れられた。

周囲を囲む柵《さく》は三重で、内側と外側が、腕木が内側に向いている等間隔の高い柱に、びっしりと有刺鉄線をはりめぐらした柵、その列の間に螺旋《らせん》鉄条網があった。四すみに高い監視塔があって、サーチライトで収容所全体を照らし、そのまわりをかこむ道路は、銃口を内側に向けた機関銃搭載車が二十四時間、休みなくまわっていた。監視塔の上には、カービン銃をもった歩哨《ほしょう》がおり、柵のすぐ外を、これまた動哨が、二十四時間、歩きつづけていた。

といっても中の人間は割合に呑気《のんき》であった。幕舎の中はまっくらだが、外は、場所によっては日中のように明るい。従って、サーチライトの下でマージャンをやったり、車座になって夜おそくまで話をしたり、といった情景は少しも珍しくなかった。小松氏のスケッチはこの情景を実に正確に描写している。

給与も非常に改善され、以前のような飢餓感はうすらいでいた。全員が殆ど作業はなかったといってよい。柵外に出して逃亡されることを恐れたからであろう。それでも逃亡はあった。小松氏は外部から見たここの情景を次のように的確に記している。

我々のいるストッケードの隣は、戦犯容疑者、戦犯者のいるストッケードだ。柵を二重にし、その間にバクド線を張りめぐらし、ジープに水冷式の機関銃を取り付け、二人の米兵が夜となく昼となく、三、四分置きに巡回している。それでも時々脱走者があるという。無理もない。山にはまだ日本兵が数千いるというのだから。

戦犯容疑者、戦犯者ストッケード

もっとも、すべて安穏無事でのんびりしていたわけではない。調査尋問、首実検、モンキーカーという名の鉄の檻《おり》のついた車に乗せられてのマニラ出頭、判決に関する噂、内地帰還と労働キャンプ転出のため次々に閉鎖される周囲の収容所と、何となく取り残されたような気持、将来への漠然とした不安等々……。

とはいえ、ここは実に奇妙な「社会学的実験」の場であり、われわれは一種のモルモットだったわけである。

一体、われわれが、最低とはいえ衣食住を保障され、労働から解放され、一切の組織からも義務からも解放され、だれからも命令されず、一つの集団を構成し、自ら秩序をつくって自治をやれ、といわれたら、どんな秩序をつくりあげるかの「実験」の場になっていたわけである――別にだれも、それを意図したわけではないが。

一体それは、どんな秩序だったろう。結論を簡単にいえば、小松氏が記しているのと同じ秩序であり、要約すれば、一握りの暴力団に完全に支配され、全員がリンチを恐怖して、黙々とその指示に従うことによって成り立っている秩序であった。そして、そういう状態になったのは、教育程度の差ではなかったし、また重労働のためでも、飢えのためでもなかった。

この収容所は、前述のように将官・将校・兵・外国人の四区画に分れ、各々が自治制をしいており、将校区画は、ほぼ全員が〝高等教育〟をうけた人で、ジュネーブ条約（三）により労働は皆無だったからである。従って、暴力支配を、何らかの特別な理由づけに求めることはできないのである。

四区画の秩序はそれぞれ特徴があった。もっとも将官区画は人数が少なく、その殆どが老人で実質的には米軍の直接統治になっていたから例外といえるが、他の三区画にはそれぞれ特徴があった。もっとも私は、朝鮮人・台湾人の区画のことは、よく知らない。だが、ここが一番よくまとまっていることは一種の定評があった。この人たちについての唯一とも思える思い出は、その指導者らしい人が、何かの問題で憤慨し、将校区画の鉄柵の前まで来て、大声で弾劾演説をやったことである。それは夜であった。将校区画は、みな幕舎の中で、声も立てずにシーンとしてその弾劾を聞いていた。

内容は、もうおぼえていない。ただ彼が、くりかえしくりかえし強調したことは「……それをわれわれに教えられたのは、あなたがたではないか、そのあなたがた自身がなぜそれを実行しない。このざまはなんだ……」という意味の言葉であった。

だがみながシーンとしていたのは良心の呵責《かしやく》のみではない。小松氏が記している、次のような二つの実情のためである。一つは外面的実情、二つは内面的実情といえるであろう。

朝鮮人、台湾人

志願兵、軍属、軍夫として、沢山の朝鮮、台湾人が比島に来て戦ったが、敗戦のため、彼らは日本と分かれる事になった。それで各人様々の感情にとらわれていたようだったが、段々に落ちついてくると山の生活中日本軍に協力したにかかわらず、日本軍の将校共《ども》から不当の取り扱いを受けたり、酷使され、いじめられた者の内に深い恨みを持つ者が沢山いた。そしてこのまま別れたのでは気分が済まず、同じストッケード内に住むを幸い、日本人に復讐《ふくしゅう》することに決め、彼等特有の団結力を利用してこれ等悪日本人のリストを作り、片端から暴力による復讐が行われだした。

部隊長級の人でもこのリンチに会った人も相当にいた。この人は散々たたかれ、終りに美髯《びしゅ》をひっぱられ、おもちゃにされて帰ってきた。この不祥事件が続出するので、日本人側でも暴力には暴力をというので、彼等に撲り込みをかけると殺気が満ちた事もあったが、日本人は今猛省する時だ。暴力は悪いが暴力を受ける者にはそれ相応の理由もある事だから、彼等の満足の行く様甘受すべきだ。東亜百年の計の為に、という論も出、撲り込みはやめた。その後、この種の事件も少なくなり、彼等は我々より先に帰還してしまった。

一方、山で彼等の世話を良く見た人に対しては、缶詰、タバコ、その他沢山の贈物が来た。

彼等の内にはかなり悪質なのがいたが、全体として良く協力してくれた事は感謝すべきだ。日本と別れるのを泣いて悲しみ、どうしても日本人になるといってきかん少年もいた。彼等が帰国する前に、この変な雰囲気のまま別れたのでは今までの交友が無駄になるというので、細野中佐の肝入りで朝鮮人代表を招いて、日本人のおかした罪を謝り彼等と気分よく別れようという事になった。当日は多数の出席者があった。そして日本人の非道を謝し、東亜民族の運命共同体の理念が説かれ、今後は朝鮮はソ連の影響を多く受けるだろうが、仲よくやって行こうと説かれた。最後に朝鮮代表が別れの辞を述べ、この会の目的の一部を果して解散した。

朝鮮人、台湾人の共通の不平は彼等に対する差別待遇であり、共通に感謝された事は日本の教育者達だった。彼等は国なき民から救われた喜びだけは持っていた。

生活力旺盛《おうせい》な台湾人

有富参謀が、ネグロスのズマゲテ方面の残存者救出に行った時も、やはり山の戦友には会えず、ズマゲテの比軍ストッケードに仮住まいしていたある日、米兵が台湾人を一人捕えてきた。彼は米軍上陸直後部隊にはぐれ、唯一人山から山、谷から谷を渡り歩き、民家に行っては食糧を盗み、十ケ月生活していたという。最近はこの生活に慣れ、ズマゲテの町へも出かけ映画を三度見たという。捕えられたのは、この日、水牛を一頭盗み比人の唖《おし》を装って街道を白昼行くうち、比軍の射撃演習地の立入禁止区域を知らずに、人通りが少くて良いと思って歩いているのを捕えられたという。

この男も、日本が勝つと堅く信じてい、住居移動の際は必ず皇居を遥拝《ようはい》してから出掛けたという。このいじらしさに、台湾が支那《しな》のものになったという事をどうしても言えなかったという。

だが将校へのリンチ事件、またその事件を起す背景は、彼らだけのものではなかった。将校――といっても殆どが幹部候補生すなわち国民の大部分が小卒であった当時の日本での、いわば例外的存在ともいえる高等教育をうけた人たち――への批判と評価は、ただその人たちが戦場での責任者であったからということだけでなく、あらゆる面で実にきびしいものがあり、そしてその批判は、まさに当然というべき点が多かった。小松氏も実にきびしい、次のような批評を下しているが、これは将校というよりむしろ〝日本のインテリ〟乃至《ないし》は知識人なるものへの批判といえるであろう。

将校キャンプと兵隊キャンプ

ネグロス収容所時代は将校も兵も一緒に暮し、レイテでは将校だけ、ルソンに来てからは兵隊だけと暮した。ネグロス時代は同じ部隊が旧編成のままでPWとなったので、軍隊生活の組織はそのまま保たれ将校は相変らず威張っていた。レイテでは将校だけが集ったので将校も自分の事は自分でしなければならなかったし、便所掃除までさせられるので多少角が取れていったようだが、社会人としては全く零《ゼロ》に近い人が多かった。実行力が無く陰険で気取り屋で、品性下劣な偽善の塊だった。兵隊だけのキャンプに暮してみると前者に比べて思った事はどんどん言うし、実行力はあるし、明朗だった。ただ一般に程度の低いことは争えない。ここで色々の話を聞くが、兵隊達に言わせると将校の素質が低下したから負けたのだと頻《しき》りにいう。兵隊の中にも素質の悪いのが実に沢山いるが、将校の悪いことは両ストッケードで生活してみて率直に認めざるを得なかった。

日清、日露の役の当時の様に将校と兵との間に教養武術、社会的地位に格差のあった時代は良かったが、今日では社会的地位、学識其《そ》の他総《すべ》ての点に於《おい》て将校より勝《すぐ》れた人物が大勢《おおぜい》兵として召集されている。それ等を教養も人間も出来ていない将校が指揮するのだから、組織の確立している間はまだしも、一度組織が崩れたら収拾がつかなくなるのは当然だ。兵隊達は寄るとさわると将校の悪口をいう。ただし人格の勝れた将校に対しては決して悪口をいわない。世の中は公平だ。

結局、以上二つに現われている状態、それが、暴力的秩序を生み出す温床であったと思う。ではこの温床の底にあったものは何であろうか。小松氏のいたオードネルの労働キャンプよりはるかに良い環境にあり、しかも、高等教育をうけた者のみが一か所に集められ、みなあらゆる意味で平等な立場にあって、お前たちの欲するままに、お前たちにもっとも適合した秩序を自らつくれといわれたとき、なぜ、オードネルと全く同じ型の暴力団支配による秩序をつくってしまったのであろうか。

小松氏は、興味深いことを記している。

人間の社会では、平時は金と名誉と女の三つを中心に総てが動いている。それらを得る為に人を押しのけて我先にとかぶり付いて行く。ただ、教養や色々の条件で体裁良くやるだけだ。それでも一家が破産したり主人公が死んだりすると、財産の分配等に忽《たちま》ち本性を現し争いが起こる。

人間の本性

戦争は、ことに負け戦となり食物がなくなると食物を中心にこの闘争が露骨にあらわれて、他人は餓死しても自分だけは生き延びようとし、人を殺してまでも、そして終いには死人の肉を、敵の肉、友軍の肉、次いで戦友を殺してまで食うようになる。

平時にあっても金も名誉も女も不要な人は人望のある偉い人である。偽善者や利口者やニセ政治家はこのまねをするだけだ。世渡りのじょうずな人はボロを出さずに、このこつを心得ている。戦時中に命も食物も不要な人は大勢の兵を本当に率いる事ができる人だ。こういう人を上官に仰いだ兵隊は幸いだった。負け戦で皆が飢えている時、部下に食物を分ち与える人、これは千人に一人いるかいないかだ。PWになってからも食物を中心に人心が動き勢力が張られた。

どうにもならなくなった時、この一切れの芋を食わねば死ぬという時にその芋を人に与えられる人、これが本当に信頼のできる偉い人だと思った。普通の人では抜けられぬこの境地に達し得た人が人の上に立つ人だ。この境地に少しでも近づきたいものだ。修養の目的はここにあるのではないか。戦国の武将の偉い人にはこの事を心得ていて実行した人が多かったようだが、現代の武将には皆無といってよい位だ。こういう人には自然と部下ができ物質には不自由しないのが妙だ。だれかが「無《む》一物《いちもつ》中無尽蔵」といったが正に名言だと思う。この心境に至るには信仰以外に道はない気がする。人間とは弱いものだから。

おそらくこの言葉と、今までの引用中に、小松氏の「敗因二十一ヵ条」の「(一八) 日本文化の確立なき為、(一六) 思想的に徹底したものがなかった事」の註解《ちゅうかい》があるのであろう。文化とは何であろうか。思想とは何を意味するものであろうか。一言でいえば、「それが表わすものが『秩序』である何ものか」であろう。人が、ある一定区域に集団としておかれ、それを好むままに秩序づけよといわれれば、そこに自然に発生する秩序は、その集団がもつ伝統的文化に基づく秩序以外にありえない。そしてその秩序を維持すべく各人がうちにもつ自己規定は、その人たちのもつ思想以外にはない。

従って、これを逆にみれば、そういう状態で打ち立てられた秩序は、否応《いやおう》なしに、その時点におけるその民族の文化と思想をさらけ出してしまうのである——あらゆる虚飾をはぎとって、全く「言いわけ」の余地を残さずに。そしてそれが、私が、不知不識のうちにその現実から目をそむけていた理由であろう。確かにそれは、正視したくない実情であった。

そして当時このことに気づき、この点に民族の真の危機を感じていたのは、小松氏だけではなかった。私といっしょにしばらく米軍の設営工場の通訳をしていたOさんも、何度かこのことを嘆いた。Oさんは、私以上に、「言いわけ」の余地がなかったのである。

彼は緒戦当時、英語が上手なため徴用され、米英オランダの民間人を収容する収容所に勤務させられた。そこも似たような状態であり、着のみ着のままの人が、ほぼ同じように柵内で生活し、彼らの好むままに秩序をつくらせた一種の自治であった。そしてその情況は、いま目の前で展開されているこの収容所の秩序とは、余りにも違いすぎていた。彼らは、自己の伝統的文化様式通りの秩序をつくり、各人の「思想」すなわち自己規定でそれを支え、秩序整然としていたのだから――。

小松氏が記している米軍による暴力団の一掃は、ほぼ全収容所で同時に行われたらしい。というのは、戦犯容疑者収容所における暴力団も、同じようにMPによって一掃されたからである。そしてそのあとの状態もまさに同じであった。Oさんは、このときも嘆いていった。米英オランダ人の収容所に対して、日本軍が、こういう処置をとらねばならなかった事例はなかった、と。

小松氏が記しているように、日本軍を支えていたすべての秩序は、文化にも思想にも根ざさないメッキであり、つけ焼刃であった。そして将校すなわち高等教育を受けた者ほどメッキがひどく、従ってそれがはげれば惨憺《さんたん》たる状態であった。しかもメッキは二重にも三重にもなっており、それは逆に、生地《きじ》まで腐蝕《ふしよく》し、ひとたびそれがはげれば、メッキを殆どうけていない兵士たちよりひどい醜状をさらした。

従って人びとは、自己の共通の文化に基づく秩序を把握できない。すべての人の見方・考え方・価値はばらばらであり、これは、小松氏の記している通りに、将校区画が一番ひどかった。私は、この区画から、毎日、設営工場に出勤しており、そこで、捕虜の中から選抜された最も優秀な家具職人や建具職人と過していたので、小松氏が、兵隊の収容所の方がはるかに立派だし、居心地もよい、と書かれているのがよくわかる。

ここの方が、何ら虚飾のない、伝統的文化に基づく一つの秩序すなわち文化があった。特に職人は立派であり、彼らはその技術においてアメリカ人よりはるかにすぐれ、従って何の劣等感もなく、また完全に放置しておいても、すぐに自ら職人的な秩序をつくり出していった。従って暴力的秩序などは皆無であり、そしてそういう場所には、彼らは絶対に入ってこようとはしなかった。隙《すき》がなかったのである。いかなる暴力団もここには勢力をのばすことは不可能であった。

では一体、将校区画では、何がゆえにあのような暴力支配を生み出したのか。なぜ、暴力があれば秩序があり、暴力がなくなれば秩序がなくなったのであろう。

理由は、一言でいえば「文化の確立」なく、「思想的徹底」のないためであったが、もっと恐ろしいことは、人びとがそれを意識しないだけでなく、学歴と社会的階層だけで、いわれなきプライドをもっていたことであった。ある者は、はげたメッキをはげてないことにして軍隊的秩序を主張し、あるものは表層がはげた時二層の社会正義〝雲上・おくげ的社会主義〟を主張し、ある者ははげたメッキの上にアメリカ型民主主義という再メッキをしてそれを主張した。

しかし、各人は、自らの主張に基づく行動を自らはとらなかった。そして自らの行動の基準は小松氏の記す「人間の本性」そのままであった。そのくせ、それを認めて、自省しようとせず、指摘《ちよう》されれば、うつろなプライドをきずつけられて、ただ怒る。そして、そういう混乱は、兵士の嘲笑《しよう》と相互の軽侮と反撥《はんぱつ》だけを招来し、結局、暴力と暴力への恐怖でしか秩序づけられない状態を招来したわけである。

われわれはここに、日本全体がいずれは落ち込んでいく状態の暗い予兆を見るような気がした。それは小松氏だけではない。そしてそうならないための、真剣な模索は小松氏の、ここに引用した以外の文章にも、所々に表われている。

だが、戦後の日本は常にこの模索をさけ、自分たちを秩序づけている文化とそれを維持している思想すなわち各人の自己規定を探り、言葉によってそれを再把握して、進展する社会へ継承させようとはしなかったのである。従って、小松氏のあげた第十六条と第十八条は、まだ達成されず、将来の課題としてそのままに残されている、と私は考えている。

注一　小松真一がルソン島で収容されていた地。
注二　コンパウンド（コンパンドとか、コンとも）などと同じ〝収容所〟の意。
注三　これも〝収容所〟の意。
注四　特定の場所に立って、部隊の警戒・監視の任に当たること。
注五　昭和一四年に『密猟者』で第一〇回芥川賞を得た作家。同作品は、英語ばかりでなくドイツ語、ロシア語にも翻訳され、国際的な高評価を得たことで有名。

注六　昭和一二年六月の第一次内閣をはじめとして、敗戦までに三度も首相を務めた近衛文麿。

注七　一般には「暖衣飽食」という。〝ゼイタクに、ヌクヌクと暮らしている者〟の意。

注八　西園寺公望《きんもち》のこと。青年時代（一八歳）に明治維新を迎え、太平洋戦争開戦の前年（昭和一五年）に死去した政界の元老。超エリート華族だが、パリに留学したためか「自由民権」を唱えた〝進歩的華族〟として有名。首相も二度務めた。

注九　社会不安を解消し国の守りを固めるためには、企業が私利私欲に奔りがちな従来型の資本主義ではダメで、統制経済の方向を目ざすべき、と考えた官僚たちのこと。

注一〇　略称を「満鉄」と言った半官半民の国策会社。満州事変では関東軍の〝輸送係〟を担当し、満州国経営の拠点となった。

注一一　正式には「満州国共和会」と言う。満州国内の事実上唯一の政治団体。在満日本人青年の集まりであった「満州青年連盟」などが発展したもので、昭和七年七月に正式発足。関東軍と密接な関係があった。

注一二　東大新人会員として学生運動に加わり、後には日本共産党にも入党し、マルクス主義の基礎文献・エンゲルス著『空想より科学へ』などを、岩波文庫として翻訳出版（昭和五年九月）していたが、後に「共産主義から足を洗って」、『転向——日本への回帰』（暁書房刊）などを著わす。

注一三　一八六四年にジュネーブで結ばれた〝民間人や捕虜の保護を目的とした条約〟のこと。一九二九年に結ばれた「浮虜ノ待遇ニ関スル条約」を指すときも多い。

第五章　自己の絶対化と反日感情

敗因二〇　日本文化に普遍性なき為
敗因一三　一人よがりで同情心が無い事

一

以上の小松氏の指摘について、私は、非常に奇妙な状態を思い出さないわけにいかない。

一体「普遍性」とは何であろうか。文化とは元来個別的なものであり、従ってもし日本文化が普遍性をもちうるなら、それは日本人の一人一人が意識的に自らの文化を再把握して、日本の文化とはこういうものだと、違った文化圏に住む人びとに提示できる状態であらねばならない。それができてはじめて、日本文化は普遍性をもちうるであろう。

そしてそれができてはじめて、相手の文化を、そしてその文化に基づく相手の生き方・考え方が理解でき、そうなってはじめて、相互に理解できるはずである。そしてそれができない限り、自分の理解できないものは、存在しないことになってしまう。従って、日本軍には、「フィリピン人」は存在しなかった。そしてそこにいるのは、「日本人へと矯正しなければならぬ、不満足なる日本人」一言でいえば「劣れる亜日本人(二)」だったのである。

ではどう矯正しようというのか、本気で矯正するなら、自己の文化を客体化し、それに支配されるのを正常な状態と規定した上で、相手にこれを説明し納得させねばならない。一言でいえば、まず相手を理解した上での「言葉による日本文化の伝道」しかない。しかしそれは、スペイン語・英語・タガログ語(三)のどれ一つ出来ず、第一、そういう問題意識すらない者には、はじめから不可能である。

それならば相手は別の文化圏に住む者と割り切って、何とかそれと対等の立場で「話し合う」という方向に向くべきだが、自己の文化を再把握していないから、それもできない。

そこで自分と同じ生き方・考え方をしないといって、ただ怒り、軽蔑《けいべつ》し、裏切られたといった感情だけをもつ。フィリピンにおける多くの悲劇の基本にあったものは、これである。

そしてそれは、まず一方的な思い込みからはじまった。その点、緒戦当時の日本軍の行き方は、一種異様といえる点があり、「自分は東亜解放の盟主だから、相手は双手をあげて自分を歓迎してくれて、あらゆる便宜をはかり、全面的に協力してくれるにきまっている」と思い込んでいる一面があった。そしてそう思いこむことを相互理解・親善と考え、そしてこの思い込みが、後に「裏切られた」といった憎悪にかわり、「憎さ百倍」といった感じにすらなっていった。だが、一体、そう思い込む何らかの根拠があったのであろうか？　だがそれを探究する前に、まずその思い込みの実態を明かそう。

まず、緒戦にバターン(三)、コレヒドールを陥落さすと、日本軍の主力は、掃討戦を全然行なう余裕もなく、ジャワへ転用された。そのときの残置兵力は二個師団弱の約三万である。現在、警視庁の機動隊さえ、予備員を加えると三万四千名になるという。それを思えば、大小七千、主なもので五千の島嶼《とうしょ》がある広大なフィリピンに、掃討戦もなく、個々の島々の相手の降伏も確認せずに三万の兵力しか置かなかった処置は、全く不思議と思わざるを得ない。

これならいっそのこと、全く兵力を残置せず、治安・警備等は一切フィリピンにまかし、全く無干渉で、相手の責任で自治をさせた方が、むしろよい。というのは、ゲリラが発生すれば、ヴェトナムの場合のように、五十万の米軍を投入しても、これを掃討することは不可能だからである。まして、それよりはるかに広い島嶼群に、三万の兵力を残置して何になるであろう。

だが、奇妙な処置はそれだけではない。日本に降伏して武装を解除されかつ収容されたフィリピン軍捕虜は、ルソン島だけで十五万五千人いたが、これはバターン戦直後、コレヒドール陥落前の十七年四月にほぼ全員が釈放され、残された一部の幹部も、十八年十月十四日、いわゆる比島独立(四)を機に全員が釈放された。

もちろん、戦争が完全に終っているならこの処置は問題でない。しかし、太平洋戦争はなお続行中である。

一体、戦争の真最中に、その捕虜を無条件で全員釈放してしまうといった例が、果して外国にあったであろうか。この奇妙な処置の前提になっていたものが、日本はアジアの解放者なのだから、彼らは日本に協力してくれるにきまっているという、何とも不思議な一方的〝思い込み〟なのである。

では、現地に、何かそう思い込ます要素があったのであろうか。奇妙なことにそれが皆無であった。以下に少しその実情を記そう。

確かにバターンの米比軍は降伏した。そして日本軍の命令で、米比全軍人の降伏命令が放送された。しかし、マニラ東北部平野にはまだ米比軍はそのまま残っていた。日本軍は、これに対してルソン中部横断作戦を行ない、カバナツアン(五)とタルラック(六)付近にいた米比軍を潰走《かいそう》させたが、彼らはそのまま山岳州へと撤退した。そして、最初から山岳州に配備されていたため無傷のまま残った米比軍一一四連隊に合流した。そしてこの部隊はついに降伏することなく、米潜水艦等により補給をうけつつ、太平洋戦争終結まで、日本軍に対してゲリラ戦を行なっていた。ここに、日本的な一方的思い込みと、不徹底さがある。

緒戦当時、自分の方が最も有利な時点で、まず、軍使を派遣して彼らに降伏を勧告し、受諾されれば武装解除し、もし拒否されたなら、明確な何らかの停戦協定を行ない、彼らとの話し合いの余地を残した上で、自己の兵力を他に転用すべきであっただろう。後述するように、それができなかった理由はないのである。そしてその処置をしなかった理由は、一時的静穏と、比島に対する事前の調査、特に兵要地誌（七）の研究が皆無であったためと思われるが、その根本にあるものが、「文化の普遍性なきため」という小松氏が指摘した問題である。

だが、もっと奇妙だったのはミンダナオ（八）である。皮肉なことに、ミンダナオ関係の戦犯はきわめて少なく、極刑は皆無に近いが、この実情を少し調べてみると、奇妙な言い方だが、結局、日本側が〝一方的被害者〟で、加害能力が皆無に近かったため、ということになる。まず首都ダバオだが、ここは元来、半ば日本人町で、約二万の邦人が戦前から居住し、主として麻の栽培にあたっていた。そのためこの付近は、邦人が現地の実情をよく把握しており、それが現地軍と住民の間にいてくれたから摩擦が少なく、従ってゲリラも近づきえない。

一方、このダバオおよび海軍が駐屯したサンポアンガその他二、三の町を除くと、他はことごとくはじめからいわばゲリラの支配下にあり、日本軍の支配下になかったのである。従って、日本軍支配区とゲリラ支配区が暗黙のうちに併存してしまった。日本側は討伐能力が皆無に近く、一方ゲリラは海上権をもたないため、海岸都市特に邦人の多いダバオには近づこうとしない。従ってはじめのうちは、一種皮肉な共存体制であった。

この共存体制には別の理由もあった。それはイスラム教徒のモロ族の存在である。戦前のマニラ政府の統治権は、実際には彼らにまで浸透していなかった。とはいえ、彼らは、日本軍が勝手に思い込んでいたように、反米親日ではなかった。そのうえ米比軍は、降伏の際、殆《ほとん》どの武器を彼らに手渡したので、その装備は実に優秀であった。従って、ミンダナオ全島の情勢は、このモロ族の動向にかかっていたと言ってよい。

ミンダナオで、日本軍が、多少とも一種の権威をもっていたのは、昭和十七年五月の作戦終了より九月のモロ族蜂起《ほうき》までの、わずか四か月間だけである。この間はおそらく彼らの、再編成・攻撃準備期間であった。この蜂起で、まず同島警備隊生田旅団の独立守備第三十四大隊吉岡中隊が、ラナオ州ダンサランで、蜂起したモロ族のためほぼ完全に全滅し、ついでこれに驚愕《きょうがく》した旅団司令部が討伐のため、小部隊を残置して各地の警備隊主力を引きあげたところ、その手薄に乗じて、全島一斉蜂起という状態になってしまった。

道路はズタズタ、通信線は切られ、守備隊同士の連絡もとれない。そして、ゲリラは住民と合流し、孤立した警備隊を包囲して、次々にこれをほぼ完全に全滅させていった。

ミンダナオの中央を南北に走る唯一の縦貫道路カガヤン・ダバオ道は完全にゲリラの手に落ち、中部要衝マライパライの日本軍は重囲下に動きがとれない。これはやっとのことで空輸で撤退して全滅をまぬかれたが、これはまれな例外であって、同様の運命に陥った中隊は、みな生存者皆無のため、その最後の模様すら明らかでない。

その上さらに、モロ族討伐そのものが失敗であった。中部から南部にかけては、モロ族出身のダトサリバダ大佐の指揮下に約三個連隊の兵力があり、山砲、トラック、有線無線の通信部隊をもつ、優秀兵団であった。従って生田旅団が三個大隊の兵力で攻撃をかけても、少々退却するぐらいでびくともしないのが実情であった。

　これが同島の西部地区となるともっとひどく、昭和十八年五月になっても、まだ州政府には星条旗がかかげられ、紙幣も旧ペソが通用し、政府も軍隊も以前のままに存続している。そして、以上のような状態を背景に、アメリカ軍のフェルテック准将がタガラク市に全比島米比軍ゲリラ部隊総司令部をおき、全比島のゲリラを統一指揮するとともにミンダナオのゲリラは直接に指揮し、一方、オーストラリアと無電で連絡して指示をうけていた。

　これに対して、同じアジア人で共に非キリスト教徒だという日本が、しかも彼らを米国の支配から解放するために来たはずの日本軍が、このモロ族にまず叩《たた》かれ、最後まで彼らを味方としえなかったこと、そこには、考うべき数々の問題がある。そしてその問題は、浮ついた「同文同種」(九)「アジアの解放」「東亜新秩序」「共栄圏」等の一人よがりのスローガンがいかに無意味で、自己を盲目にする以外に何の効用もなかったことを物語っているであろう。

　だがゲリラは、こういった、僻遠《へきえん》の地で活動しているだけではなかった。第十四方面軍のお膝元《ひざもと》であるマニラ市内でも、堂々と活動していた。十七年五月にすでに地下組織のROTCがあり、これが十八年六月、知日派のホセ・P・ラウレルを狙撃《そげき》して重傷をおわせ、また華僑《かきょう》は血幹団という抗日地下組織をつくり、十八年には「血恨」という地下新聞まで発行していた。そして十九年に入ると、軍の施設に積極的に潜入して破壊活動を行なうまでになっていた。以下にその数例をあげると、

㈠サンファンの軍直轄地下弾薬庫（十五榴砲弾《りゅうほうだん》）を爆破、同地上集積所へ放火、
㈡海軍アセチレン工場へ放火、
㈢陸軍油脂工場へ放火、
㈣マニラ入港中の一万トン級タンカー（航空用ガソリン積載）を爆破全焼、

等がある。小松氏の記していているような「テロ事件は続出し寺内閣下の官邸の前には、毎朝日本人に使われている比人の惨殺屍《し》（体《たい》）が裸にされ放り出されたり、真昼間城内の大通りで憲兵とゲリラが撃ちあったり」といった状態はごく普通の、いわば「日常の風俗」ともいいたい状態になっていた。これらはもちろん全く内地では報道されていない。従って、そういう事実をはじめて知ったという人も少なくないであろう。

ルソン・ミンダナオの中間のビサヤ地区では、事情はもっと深刻であった。パナイ島では十七年十二月にパシー町役場が堂々と星条旗を掲げた。セブ島では、連合艦隊司令長官古賀大将（？）と参謀長以下十名が、クーシン中佐の指揮するゲリラ隊に拉致《らち》されるという十月事件（昭和十八年）を起している。そのほかレイテ、サマール、パラワン島ら、警備にあたっていた日本軍が完全に全滅しているので、事情は一切わからない。なおネグロス島については、後に、小松氏の記録と対比しつつ詳述しよう。

一体、どうしてこういう結果になったのであろう。日本人とフィリピン人の平和共存は、長くみてせいぜい半年間であった。では緒戦当時に、何か、非常に大きな反日気運を醸成する事件でもあ

ったのであろうか。戦争に、何らかの事件はつきものだが、しかし、アメリカ軍の爆撃開始まで、比島に、戦災というものが殆ど皆無だったことも、また事実であった。

さらに、前述のように捕虜は全部釈放され、さらに、日本人が全く入り込んでいない地区も多く、従って、少なくとも緒戦当時には、日本軍には全然接触しなかった者の方が、はるかに多かった。特に、ルソンとミンダナオの間のビサヤ地区の多くは、殆ど無戦闘で日本軍は実質的には平和進駐している。ではなぜその地区が、最もひどいゲリラ地区になったのであろうか。

さらに、少なくとも当時の彼らは、必ずしも親米とはいえなかった。否むしろ、非常に強い反米感情が潜在しており、それは特に年輩のスペイン系に多かった。そして前記のモロ族は伝統的にはむしろ反米であった。

人によっては、スペイン系を主体とするこの全般的な反米感情はメキシコ人のそれに似ているという。長らくスペインの植民地であり、その影響を強くうけ、米西戦争の結果アメリカの植民地にされたという歴史が、やや似た感情を抱かす基礎になっていたのかもしれぬ。いずれにしろ対米抗戦の英雄アギナルド（一〇）は、常にかわらぬ尊敬をうける民族の英雄であった。

では一体なぜ彼らは、太平洋戦争中、最も強烈な反日戦線を結成し、最も徹底したゲリラ活動を実施したのであろうか。以上のような面を見ていけば、なぜ親日にならなかったか、それが不可能でも、せめて、日米の間で中立という態度を彼らにとらせることが、できなかったのか、という疑問はだれでも感ずるであろう。

北京在住三十年、北京市庁の観光課に勤務しつつ遺跡の保存にあたり、中国人から非常に尊敬されていた石橋丑雄（二）氏が、「日本軍は、元来は親日的であった中国人まで、むりやり反日に追いやったようなものだ」と言われたが、これと全く同じことが、フィリピンにも言えるのではないであろうか。

フィリピンの場合は、おそらく、昭和十七年の五月から十月ぐらいまでの間に、彼らの動向を決定してしまう何かがあったはずである。そしてその間、米英蘭はいわば敗退を重ねていたのだから、必ずしもマッカーサーの「アイ・シャル・リターン」や双方の軍事的優劣のみが彼らの動向を左右したとはいえない。

戦前のフィリピン人は、特に地方では、日本についても日本人についても、殆ど知らなかった。そして、多少とも日本人のいたバギオやダバオでは、日本軍が来るまでは、特にこれといったトラブルはなく、むしろ逆に、信頼に値する市民層を構成していた。従って、日本軍は、反日感情の渦まく国へととび込んで行ったわけではない。人は、知らない対象には、行動に移せるような、何らかの直接的感情を抱くことはできないのだから——。

一体そこには、何があったのであろう。おそらくその反日感情と、戦後の東南アジアにある反日感情とは、同じことが原因で発生しているのである。従ってこの問題は、単に過去の問題と言うわけにはいかない。

二

ここで少し、公的な記録の要約と小松氏の記録とを比較してみよう。同じような状態を記録しても、書く人によって非常に印象が違ってくることが一目瞭然《りょうぜん》となるであろう。

ネグロス島はややミンダナオ型で、最初からゲリラが優勢であり、その数が二万以上といわれ、十九年に入ると米潜水艦より多量の武器弾薬の補給をうけ、終始日本側を圧倒していた。元来ネグロス島の警備兵力は歩兵一個大隊だけ、十九年になってやっと三個大隊になったようなわけで、その後日本軍の数がふえたとはいえ、それはいわゆる「ネグロス航空要塞《ようさい》」なるものを造る建設隊・飛行場設定隊等であり（その実情は前に記した）、従って米軍上陸後も、むしろ在来のゲリラ隊が戦力の中心のような観を呈した。そしてその活動はまず、日本軍のアルコール製造の妨害に向けられていた。

昭和十八年九月、早くも、ヴィクトリアス精糖会社から、十八キロ隔たるマナプラ工場に向けてアルコール原料を輸送中の列車が襲撃された。同九月、台湾製糖が経営しているマナプラ工場の日本人通訳が、シライの町から三キロほどのところでゲリラに虐殺された。マナプラは初期に最もねらわれていたらしく、警備隊の下士官・兵がしばしば射殺されている。また十九年一月から八月まで、工場に潜入したゲリラが、アルコールを百ドラムほど奪取している。

これが十九年になると、

㈠三月二十八日、マタ中佐（ゲリラの隊長）指揮下のバクラオン少佐を長とするゲリラ約七百名がバコロド南方のバゴ町を襲撃、民家十三戸を焼き払い、衣類、食料を強奪し、住民の乗車せる自動車まで襲撃して婦女子に至るまで十数名を焼き殺した、
㈡四月二十七日、マタ中佐直接指揮のもとにゲリラ約一千名がラカロタ町と同町付近一帯の警備隊を一斉に襲撃し、ラカロタ町は全焼、日本軍戦死八名、といった事件が続出し、これが、小松氏が赴任した十一月三日のころともなると、
㈢ギンバロン町を襲撃したゲリラ隊は、同町警備の中村曹長以下二十名を、あるいは射殺し、あるいは逮捕して耳を斬り鼻や陰部を削《そ》ぎ落して殺し、ボロ（蕃刀《ばんとう》）で寸断する等、正視できぬほどの残虐な殺し方をした、
——という状態になっていた。だが奇妙なことに、方面軍はこの実情を少しも掌握しておらず、この島を前述のように「ネグロス航空要塞」と呼び、ここから出撃して、レイテのアメリカ軍を叩《たた》くつもりでいたらしい。以下に少し、『虜人日記』を引用させていただこう。

レイテに敵上陸

十月十七日、レイテ湾に敵大部隊が来寇《らいこう》。「連合艦隊出撃し、レイテ湾に敵艦船を袋の鼠とす」「戦艦を拿捕《だほ》す」等と快ニュースがあり。一方デリー放送は「日本海軍に殲滅《せんめつ》的打撃を与え、残存艦隊は目下遁走《とんそう》中」という。比島決戦の火蓋《ひぶた》は切られた。

十月二十日、タクロバンに敵が上陸した。十四軍司令部ではレイテの敵を全滅さすまでは禁酒を申し合わす等、相当の緊張をみせた。第四航空軍はネグロス航空要塞によって決戦をすると、富永中将以下ネグロスに出張って行った。「ネグロス要塞ついえれば日本危うし」と。

ネグロス行き

ネグロス航空要塞強化に伴って、酒精が絶対的に必要となった。ネグロス酒精大増産と全ビサヤ地区の酒精製造指導の大命を帯びて、ネグロスに行くことになった。

当時、ルソン地区は毎日の様にグラマンの攻撃はあったがまだ大型機は姿を見せなかったのに、ネグロスは毎日コンソリの大編隊が爆撃をやっていた。

そんなところで目標の大きな酒精工場の増産をやれというのだから、死地に行くようなものだったが、国家の危機だ。働き甲斐《がい》を大いに感じ十一月三日、マニラ北飛行場から第六航空通信のキ－21機に便乗。目下バコロド地区空襲中との報に夕方まで待機。

日没のころネグロス島シライ飛行場に着いた。ロッキードに急襲された直後で、飛行場には内地から来たばかりの四式戦闘機が五機程燃えていた。飛行場の隅の方には九月十二、十三日のグラマンの急襲に会い、地上で焼かれた戦闘機の残骸《ざんがい》が見苦しいまでに散らばっている。内地で血の出るような思いで作った飛行機を空中戦もせずに地上で焼かれるとは何とした事か？　と義憤を感じた。然《しか》しマニラに比べると決戦場という感じが深い。

バコロドの連絡官事務所へ行こうとしたが、シライ、バコロド間にゲリラが出没し夜間は危機というので、シライの第六航空通信連隊本部に一泊と決めた。（中略）

コンソリ大空襲

十一月五日、ネグロス島最高指揮官河野少将のところへ着任の申告に行く。事務室に入ると「空襲」という。爆音が聞こえてくる。うなるように、南の空にバッタの群の如くコンソリの編隊が押し寄せて来た。一二〇機はいる。小憎らしい程、堂々としている。

防空壕《ごう》へ逃げ込む。閣下は一足先に一番立派な壕へ逃げ込む。近くのバコロド飛行場を大爆撃して帰って行った。飛行場の空は真黒になっている。こんなことが毎日同じ時間（十一時半－十二時半）に繰り返されているという。

河野少将

防空壕から出て来た閣下に申告を済ます。閣下曰《いわ》く、「ネグロスの酒精製造の隘《あい》路《ろ》は燃料の薪《たきぎ》の収集にあるのだから、今時《いまじ》分《ぶん》技術者が来てもどうにもならん」。危険を冒かし命をかけて来たのに!!　この馬鹿野郎何を抜かすかと、腹立たしくなってきた。「そんな貴重な薪だからこそ、それを節約するにもどうするにも技術が必要です」とやり返してやったら、もぐもぐ文句の言いたそうな顔をしていた。長居は無用と引き揚げる。

ネグロス空の要塞の正体

ネグロス空の要塞というから、どんな物かと思ったらビナルバカン、ラカロタ、バコロド、タリサイ、シライ、タンザ、ビクトリヤス、マナプラ、カゲス、ファブリカなど毎日の爆撃で穴だらけになった飛行場群に焼け残りの飛行機が若干藪《やぶ》かげに隠されているだけだ。対空火機は高射砲が三門だけという淋しいものだ。コンソリが毎日一定の時間に一定の方向から戦闘機わずかに護衛されて来るのに対し、十一月五日以来、五、六回四式戦が此処《ここ》の編隊に挑みかかっただけで大規模な迎撃戦など一度もやらず終いだった。これが日本の運命をかけたネグロス空の要塞の正体である。時にレイテ作戦の最中。それでも毎夕、レイテ攻撃に少数の特攻隊が出て行った。帰る者は稀《まれ》だった。

ひたぶるに終《つい》の勝利を疑わず静けくも戦友《とも》は死に赴きし（四郎）

ネグロス島の酒精の生産

当時ルソン島は酒精の製造どころではなく、ビサヤ地区ではセブのメデリン工場も火災で焼失。ネグロス島だけが原料糖も豊富にあり酒精の製造のできるところだった。

ネグロスの酒精工場は、ロペス工場（ファブリカ木材会社経営）、マナプラ工場（台湾精糖）、タリサイ工場（貴来公――比人と支那人の混血――の経営の後、鐘績《しょうせき》が経営）、ビナルバカン（比人）の四工場で自分が着任するまでは、各酒精工場の代表者がその地区の警備隊長にお願いしたり、理解のある部隊長の好意にすがって工場の警備、薪の収集などをやっていた。

情況の良いときは、それでもどうやら生産を続けていたが、九月十二日の空襲以来生産は低下する一方だった。それに加えて糖蜜《とうみつ》が不足してきて、砂糖を原料とするようになってからは製造量は急激に低下した。それに空襲を恐れて土民の職工は工場には来ず、いよいよ行きづまってきた。

こんな情況のところに着任したので仕事は山積していた。先ず、各工場に泊り込み、工場の成績があがるまで指導することにした。

ポンテペトラ糖蜜タンク、ゲリラに襲わる

十一月二日、ポンテペトラの糖蜜タンクがゲリラに襲われ糖蜜を全部川に流されたという報がはいった。直ちに高野中尉以下、高野隊の主力が一戦を覚悟でトラック三台に分乗してポンテペトラに駆けつけた。

自分も西浜所長と共に同行した。糖蜜タンクから三百メートル程の所に車を止め全員戦闘配備につき、自分も拳銃《けんじゆう》片手に鉄帽真深く窪地《くぼち》に待機した。

機銃を据え先制射撃をし、次いで支那事変歴戦の勇士、伊賀軍曹以下七名が尖兵《せんぺい》となり前進した。高野中尉、窪地から「伊賀軍曹、姿勢が高い高い、葡匐《ほふく》で行け」と怒鳴っているが、ご本人まるっきし平気で「一発きてからで十分。敵がいるかいないかわからん所へあほらしくて葡匐で行けようかよ」と言いながら着剣した銃を片手に、すたこら行ってしまった。

敵もいそうもないので自分と西浜氏が続いて行った。高野中尉は相変らず「姿勢が高い高い」をくり返している。しかたがないので中腰で駆けだした。先頭はもうタンクの所に着いた。土民が逃げて行くのが見える。敵はおらんようだ。一安心だ。

タンクの十インチのコックは満開され糖蜜はほとんど川に流れ込んでしまった。川辺も川底も糖蜜でベトベトだ。魚やえびが沢山白い腹を出して浮んでいる。マンホールをあけてみると、まだ底に二十五センチ程残っていた。このタンクは直径が大きいので糖蜜の残量はここ一ヶ月分位はあることが分った。

昼飯を食べ終った頃、周囲が何んとなくざわめいてきた。ゲリラに包囲されんうちにと警備兵力を残して帰る。

糖蜜対策

ポンテペトラの糖蜜流出事件の対策として他に糖蜜を求むべく探すことにした。(糖蜜がないと砂糖だけでは醱酵《はっこう》がうまくいかぬ)その翌日から坪井大尉、河野少尉等と共にルマゴームをはじめ所々の製糖工場を探したが見つからなかった。それで糖蜜の代用として米糖コプラミールを集める事にした。

タリサイ街道

一月になってから昼間は自動車が通わんので、毎夕バコロドからタリサイへ通勤していた。

急な用事でタリサイの坪井隊へ行くことになり燃料配給部の西浜氏を誘って徒歩でタリサイまで行くことにした（約一里半）。バコロドの町はずれで、色っぽいあやしげな女にウインクされ御機嫌で行く。第一の椰子《やし》林を出て開闊《かいかつ》地に出たときシコロスキーに急に狙われ木陰にかろうじて難を避けた。徒歩で行くのも楽でない。

第二の椰子林で土人に椰子を取らせ渇きを癒《いや》したりして行くうちに、タリサイから米の買収に神屋氏と岩井氏がやって来るのに出会った。「今日はシコロスキーの奴、個人攻撃をやるから気をつけぬと危いですよ」等と冗談を交しながら別れた。

その日の夕方、神屋氏に出会うと「今日小松さん達と別れて五分程歩いた頃（我々が土人に椰子を取らせて水を飲んだ所）、自分達の五米《メートル》程前を歩いていた海軍の軍属の前にゲリラがいきなり現われ自動小銃で彼を射殺したので、慌てて溝の中へ逃げ込んだところ警備隊の兵隊が五人程、銃声に驚いて駆けつけてくれたので助かりました。もうタリサイ街道も危いですよ」と言われた。我々が椰子の水を飲んでいた時近くにいた比人等も危いものだった。「我々は強そうに見えたから奴等手を出さなかったんでしょう」と大笑いした。

近頃ゲリラは日本兵を殺せば、すぐ服や靴を剝《は》いで持って行ってしまう。

ゲリラの親分と交渉成立

タリサイ酒精工場の復旧も終り製造を始めたが原料糖がほとんど焼けてしまったのでバコロドの砂糖工場から砂糖を運ばなければ

ならなくなってきた。自動車ではいくらも運べんので鉄道を使うことにした。幸いバコロドとタリサイ工場とを繋《つな》ぐ線があったので、これを利用することとした。

この運搬を行う兵力、鉄道保線、警備の兵力は馬鹿にならない程多く必要なので、神屋氏の発案で、この地区のゲリラの親分に交渉して砂糖の運搬を請負わせるようにしたらというので、早速神屋氏が交渉委員で交渉し三月から実施することになった。報酬は運搬砂糖の三割ということで。

タリサイの方は、対ゲリラ関係はうまくいくようになったが、マナプラ工場の方は、常に悩まされていた。

機関車をゲリラに横取りされる

二月の初めの或日《あるひ》、薪《たきぎ》を満載した機関車が工場へ帰る途中（この時は警戒兵が乗っていなかった）、ゲリラに襲われ、薪を積んだままゲリラ地区に持ち去られた事件があった。

密偵を出してみると、カヂスのゲリラの本拠の前にこの戦利品を並べて、彼等が酒盛をやっているという。その兵力は五百人近くというので、うかつに手も出せず、山口部隊にお願いして討伐をやってもらい、やっと取り返した事もあった。

コンスタベラリー解散か

バコロドの警察隊（コンスタベラリー）(一三)では、隊員に配給する米が無いので、解散しなければならない破目に立ち至った。

警察隊顧問の藤野氏が来て、今まで手塩にかけた者を、米が無いから解散させるのでは余りに情ないが、何か名案はないかという。当時、酒精製造用（薪の買収用）の裏付物資として、また敵上陸の日に備え、山の陣地に貯える米の買収を神屋氏がやっていたので、直ちに、「警察隊員を総動員して米の買収をやらせ、その内何割かを彼等に与えたら米が集まりはせぬか」と自分が案を出したところ、名案名案と早速実行することになり、友軍が山に入るまで警察隊は解散せずに済んだ。

レイテ島よりの漂流兵

レイテ作戦の報道は、全く入らなくなった。戦火はルソンに移り、レイテ等忘れかけていた。

その頃、ネグロス島のカヂスの海岸で、四十五名の漂流者が救助された。いずれも、レイテからバンカーに乗って脱出してきた東北の兵隊たちだった。身体はすっかり衰弱しきって、骨に眼玉が付いているような姿だった。

彼等の話によると、レイテ作戦は敵の圧倒的な物量作戦に、ひとたまりもなく打ち破られ、部隊は全滅、或《あるい》は解散となり、軍規も何も無くなり、強い者勝《がち》となり、飢えで大部分は死んでしまった。その中から、彼等はバンカーに乗り、漂流中幸い助かったという。

レイテ戦の真相を知り、いよいよ大変な事になったものと山に入る準備を急いだ。

ネグロスの兵団では、レイテの戦例にこりて、火器もないので水際戦闘を不可と思い、海岸防御《ぼうぎょ》はやらず山中に立籠《たてこも》り、斬《き》り込み戦術を行う方針となった。

山岳戦の用意　食糧、弾薬、兵器の集積所、兵器工場等をギンバラオの高原地帯に設け、敵上陸の日を待っていた。

三

以上が、小松氏がマニラを離れてネグロスに行き、同地の酒精工場の運営を指導し、ついに全工場は爆撃と自爆で喪失し、山に入る直前までの記述の抜粋である。

以上二つの記録を一読すれば、だれにでも両者の違いが明らかであろう。同じ状態を書きながら、そして個々の点では全く同じ描写もありながら、書かれている内容の本質も、書いている人の視点も全く違うということを。

前者を読めば、フィリピン人ゲリラは全く残虐人間の集団で、同胞の虐殺さえ平然と行なっている。そしてこういう事実が文字通りに皆無だったとはいえないのである。それは、戦争直後のあの「ゲリラ英雄視」の時点で、ドドマテオ大尉というゲリラ隊長が、フィリピン人惨殺の罪で、フィリピン官憲に逮捕されて裁判に付されていることでも明らかである。

ではこれが、ゲリラなるものの、総体的な実像であろうか。そうではない。それは、そのゲリラなるものの主力が最も活躍したルソンにいた私にとっても、また、全島が実質的な終始ゲリラの支配下にあったネグロス島の小松氏にとっても断言できることなのである。

前の記録にみる比島人ゲリラは、もしこういった記録を全部ここに収録すれば、本多勝一氏の記す日本軍そっくりであり、全員が、嗜虐《しぎやく》的残虐人間に見え、これを敷衍《ふえん》していけば、「フィリピン人とは残虐民族」だという、ちょうど、あの当時の「日本人残虐民族説」と同じような結論になりかねないのである。

事実、これらの記録を読ませると、ほぼそれと同様の結論を口にする人もいる。だが小松氏の記録を読んで、そういう結論を出す人はいまい。

一体問題はどこにあるのであろう。戦争中、「鬼畜米英」という言葉があった。事実、戦場には〝残虐行為〟は常に存在するものであり、もちろん米英側にもあり、その個々の例を拡大して相手の全体像にすれば、対象はすべて人間でなくなり、「鬼畜米英」「鬼畜フィリピン」「鬼畜日本軍」になってしまう。

そしてこういう見方をする人たちの共通点は常に「自分は別だ」「自分はそういった鬼畜と同じ人間ではない」という前提、すなわち「相手を自分と同じ人間とは認めない」という立場で発言しており、その立場で相手の非を指摘することで自己を絶対化し、正当化している。

だが、実をいうとその態度こそ、戦争中の軍部の、フィリピン人に対する態度であったのである。そして、そういう人たちの基本的な態度は今も変らず、その対象が変っているにすぎない――そのことは、前述の短い引用と本多勝一氏の日本軍への描写を対比すれば、だれの目にも明らかなことであろう。

そして小松氏には、この態度が皆無なのである。氏は、実に危険な、おそらくフィリピンで最も危険な場所におり、しかも全軍がジャングルに引揚げるという直前、別の記録でみれば、到底どうにもならない〝残虐状態〟の渦中にあるはずなのに、その恐怖すべき相手であるはずのゲリラと悠々と交渉して相互の諒解《りょうかい》に達している。

また、コンスタブ〔ベ〕ラリーへの対処の仕方などは、一種、みごとといえる。というのは、この日本軍の養成した警察隊の、比島潰乱《かいらん》期における日本軍への反乱は、さまざまなゲリラより恐るべき諸事件を発生させているからである。

そしてそれらの事件の背後には、現地における対日協力者への、あらゆる面における日本側の無責任が表われており、この問題の方が、私は、戦後の反日感情の基になっているのではないか、とすら思われるからである。

前述の本多勝一氏の『中国の旅』における「治安維持会」（対日協力者）への定義などを読むと、戦後そのために苦難の道を歩んだ中国人やその一族がこれを読んだら、日本人なるものをどう見るであろうと、少々、慄然《りつぜん》とせざるを得ない。

悪名高きベトナムのアメリカ軍さえ、対米協力者の生命の安全とその保障および現地の混血児に対しては、少なくとも最後の最後まで責任をとった。そしてこれを批判した者に対する、台湾人からの痛烈な再批判があった——事実、台湾出身の評論家林景明[一四]氏なども、この点における日本人の倫理感を鋭く批判する、アメリカのあの態度を批判するなら、戦争中徴兵した台湾人への軍隊内における強制貯金ぐらいは補償したらどうなのだと。

　日本人は、一切の対日協力者を、その生命をも保障せず放り出し、あげくの果ては本多氏のように、その人たちに罵詈《ばり》雑言《ぞうごん》を加えている、と。

　これでは、もう話し合いなどは一切ない世界になってしまう。だが小松氏にはゲリラとも話し合いができた。そして結局、ゲリラとの話し合いのできる人間だけが、対日協力者とも話し合いができ、相互に納得できる了解に達しうることができたわけである。

　小松氏が、以上のような話し合いをしたのは、言うまでもなく、日本軍の敗退がすでに決定的となった段階においてであった。それなら、緒戦当時、あの「四か月間」に、小松氏がやったような「話し合い」が、中部山岳州の残存米比軍やモロ族との間に、できなかったのであろうか。

　できなかった。なぜであろうか。一言でいえば「日本文化に普遍性なき為」「一人よがりで同情心が無い事」のためであった。ではなぜ小松氏にそれができたのか、氏はそれを知り、そう書けたからにほかならない。

　だがそれが言えない者、それが書けないもの、そこにあるのは、自己の絶対化だけであり、「他に文化的基準のあること」を認めようとしない、奇妙な精神状態だけであった。絶対化してしまえば、他との相対化において自己の文化を把握しなおして、相手にそれを理解さすことができなくなるから、普遍性をもちえない。

言うまでもなく普遍性はまず相対化を前提とする。それは相手が自分と違う文化的基準で生きていることを、ありのままに当然のこととして「知ること」からはじまる。もしそれが出来ないなら、自分だけが人間で、他はすべて人間でないことになってしまう——鬼畜米英・鬼畜フィリピン人・鬼畜日本軍と。そしてそれは「一人よがりで同情心が無い事」であり、その人間が共感や同情らしき感情を示す場合は、何らかの絶対者に拝跪《はいき》して、それと自己を同定して自己絶対化を行なう場合だけである。だがこれは、本質的には共感でもなければ同情でもない。

昭和十九年、私がマニラについた時以来、朝から晩まで聞かされていたのは、フィリピン人への悪口であった。「アジア人の自覚がない」「国家意識がない」「大義親を滅すなどという考えは彼らに皆無だ」「米英崇拝が骨の髄までしみこんでいる」「利己的」「無責任」「勤労意欲は皆無」「彼らはプライドだけ高い」等々——。だがだれ一人として、「彼らには彼らの生き方・考え方がある。そしてそれは、この国の風土と歴史に根ざした、それなりの合理性があるのだから、まずそれを知って、われわれの生き方との共通項を探ってみようではないか」とは言わなかった。従って、一切の対話はなく、いわば「文化的無条件降伏」を強いたわけである。

それでいて、自己の文化を再把握し、言葉として客体化して、相手に伝えることはできなかった。考えてみれば、そうなるのが当然であって、従って、そこに出てくるものは、最初にのべたように彼らを「劣れる亜日本人」とみる蔑視《べっし》の言葉だけなのである。そしてこの奇妙な態度は、戦後の日本にもそのままうけつがれた。

昭和二十二年、フィリピンから帰って最初に私が感じたことは、そのことであった。多くの人は、進駐軍に拝跪し、土下座して、わずか二年前の自分の姿を全く忘れたように自己をアメリカと心情的に同定して、戦前の日本人を「劣れる亜日本人」と蔑視していた。これはまさに「反省力なき事」である。そして同じことは、日中復交時にも起ったが、どのときも共に、この「反省力なき事」の標本のような人たちが、「反省が足りない」と人びとに、同じように拝跪することを強要していた。だがその人びとは、かつて、擡頭《たいとう》する軍部に最初に拝跪した人びとではなかったのか！

そういう人々がフィリピンに来た。緒戦当時の本間軍司令官は、陸軍切っての「西欧通」といわれ、確かにそれらしい配慮はあった。フィリピン人の殆どがカトリック教徒であることを考えて、土井司教（後の枢機卿《すうきけい》）をつれて行ったり、また現地のパワー・エリートの多くがハーバードやエール出身のことを考慮して、同校卒業の大学教授なども帯同していった。

だが問題は、一司令官のこういった配慮で解決する問題ではなかった。同時にそれらの人の殆どすべては、軍と意見があわず、きわめて短時日のうちに帰国している。それはむしろ軍の方で「やっかい払い」をした、と言った方が正確なような状態であった。

自己を絶対化し、あるいは絶対化したものに自己を同定して拝跪を要求し、それに従わない者を鬼畜と規定し、ただただ討伐の対象としても、話し合うべき相手とは規定しえない。

結局これが、フィリピンにおける日本軍の運命を決定したといえる。フィリピン人をせめて日米の間で中立化させておくこともできなかった悲劇、その理由は、引用した記録と小松氏の文章を読み比べれば、だれの目にも明らかであろう。

だがすべての人間に、それがなし得なかったのではない。小松氏だけでなく、同じようなことが出来た人もおり、そういう人びとには、フィリピン人から収容所への絶えざる「差入れ」があった。そのことを小松氏も記している。従って問題は常に、個人としてはそれができるという伝統がなぜ、全体の指導原理とはなりえないのかという問題であろう。

注一 「亜」とは〝二番目の〟とか〝準ずる〟の意だから、〝亜流日本人〟のこと。

注二 フィリピン諸語のうちの最も一般的なもの。〝フィリピン語〟の意で呼ばれるケースが多い。

注三 日本軍は真珠湾攻撃後マニラを占領したが、アメリカ軍の主力がバターン方面へ移動したため、昭和一七年四月三日から総攻撃を開始し、九日までにバターン半島を占領した。

注四 昭和一七年一月二日に日本軍はマニラを陥落させ、翌一月三日から軍政を施行した。そうして「アメリカからの解放」ではあっても「日本の植民地にするのではない」との建前であったから、フィリピン人のなかの対日協力派にフィリピン行政委員会をつくらせた。さらに、これを発展させ、この日にホセ・P・ラウレルを大統領とするフィリピン共和国を成立させ、日本軍政は解消というかたちにしたのである。

注五 マニラ北方約一二〇㎞の町。昭和一六年一二月三〇日に日本軍が制圧。

注六 カバナツアン西方約五〇㎞の地。やはり一二月三〇日に制圧。

注七 兵事上（作戦上）の要求から研究する地誌学。地誌学とは〝地域的特色などを研究する地理学〟のことなので、つまり〝兵用（軍事用）地理学〟の一つ、と言える。

注八 ルソン島に次いで、フィリピンで二番目に大きな島。ネグロス島の南方にある。

注九 「同文」とは〝異なる国家間で、使う文字が同じであること〟の意。「同種」とは〝人種が同じ〟意なので、漢字を用いる中国人などと日本人との一体感を訴えるスローガン。

注一〇　マニラから攻めてきたアギール将軍のスペイン軍を、マニラ南方のカヴィテで迎え撃ち、敗退させた英雄。アギール将軍は逃亡するとき剣を落として行った、という。一八九六（明治二九）年の話。

注一一　「大正の初め徴兵に取られて北支（中国の北部）に至り、除隊後もそのまま北京に止まり、外務省に入って調査事務に携わり、北京を熱愛してあらゆる古蹟を研究し…中略…昭和一二年の頃からは北京市公署の秘書長室と観光科に採用せられ、益々その研究を進めて今時の終戦の間際にまで及んだ」という「希に見る篤学の士」（石橋丑雄著『天壇』の、和田清・東大教授の「序」より）。

注一二　四式《よんしき》戦闘機・疾風（キ-八四型）の略称。昭和一九年製作の新型で、「実用化された新設計のものとしては日本陸軍最後の戦闘機」であり、「大東亜決戦機」と期待された。

注一三　日本軍が組織した警察隊のことを、フィリピンではこのように呼んでいた。

注一四　昭和四年、日本領の台湾に生まれ、昭和二〇年に日本陸軍に召集されたものの、敗戦で今度は「外国人」となり、台湾に〝退去〟しなければならなくなった人物。

第六章　厭戦と対立

敗因一七　国民が戦いに厭《あ》きていた
敗因一二　陸海軍の不協力

一

昭和十五年戦争という言葉がある。私もこの言葉を使うが、使いながら少々抵抗をおぼえざるを得ない。この言葉には確かに「日本的誇大表現の要素」がある。というのは、この言葉は昭和六年九月十八日の柳条溝事件による満州事変の勃発《ぼっぱつ》から昭和二十年八月十五日の無条件降伏までの十三か年十か月余の期間を示す言葉であろうが、この期間のすべてが戦争だったわけではないからである。戦争の期間はむしろ、昭和十二年七月七日の蘆溝橋《ろこうきょう》事件から起算すべきではないかと思う。これを計算するとほぼ八か年である。

八年という歳月は、百年戦争[一]や三十年戦争[二]と比べても、一九五四年のディエンビエンフー陥落[三]から七五年のサイゴン陥落[四]までの二十一年間（もちろんベトナム戦争はそれ以前からはじまっているわけだが）に比較しても、はるかに短い期間である。史上、八年前後の戦争は決して珍しくなく、これは世界史的基準では到底「記録的長期戦」の中に入らないが、しかし日本人にとっては、耐えがたい長期戦であったことは否定できない。

　無理もない、それまでに日本が行なった近代的戦争では、日清戦争が明治二十七年八月一日の宣戦布告から二十八年三月三十日の休戦〔条約〕調印まででちょうど八か月、しかし二月一日の清国講和使節との広島会談と全権委任状不備を理由の交渉中断のとき、すなわち七か月目に、実質的に戦争は終っている。一方日露戦争は明治三十七年二月八～九日のロシア艦隊攻撃と十日の宣戦布告にはじまり三十八年六月一日のルーズベルト米大統領の講和勧告（日本十日、ロシア十二日受諾）の一年四か月で終っている。同じ計算をすれば、満州事変は約五か月で終っている。

　以上のような体験しかない日本にとって、戦争という概念が「月で計算するもの」であって「年で計算するもの」ではなかったことは、明らかである。このことは、伝えられる天皇と杉山参謀総長[五]との問答が何よりもよく示しているであろう。

「戦争はどれくらいで終るか」「南方方面は三か月ぐらいで片づけるつもりであります」「汝《なんじ》は日支事変のとき陸相であったと記憶する。そのときも事変は三か月ぐらいで片づくと言ったが……」。

　結局、日華事変という苦い体験をすでに四年つづけながら、なお、それは「特例であって、戦争とは月単位で計算すべき事柄」だったのである。この事情は海軍も変らず「最初の半年ぐらいは思う存分、あばれまわってごらんに入れる。だがそれ以後は予測がつかない」という山本司令長官の言葉も、「月単位の計算」である。

本職の認識がこの通りであるから、一般人の常識はこれ以上ではあり得ない。それらをよく示しているのが「事件」「事変」という言葉であろう。「上海事件(六)」などの事件はいうまでもなくアクシデントの意味であり、「変」は「本能寺の変」の変すなわち、不時の非常の出来事の意味であろう。広辞苑は「事変」とは元来は「(一)警察力では鎮定し得ぬ程度の擾乱《じょうらん》」の意味とし、「(二)国際間の宣戦布告なき戦争〔を〕もいう」と付加しているが、この付加は、「日華事変」以後に生じた意味であろう。「事変」がとんでもない事変になったため、事変そのものの意味が変ってしまったにすぎない。

従って、「日華事変」という言葉自体が、その勃発時における軍の首脳の理解の仕方と当時の一般人の常識を示している。従って、これを「日中戦争」と言いかえてしまうと、かえって上記の実情はわからなくなってしまう。これだけではないが、戦後のさまざまの「言いかえ」は、その真相を逆に隠蔽《いんぺい》する役目しか果していない。

日華事変のはじまる前、日本は北支にさまざまな権益をもち、まずこの地に華北駐屯軍のあと押しで冀東《きとう》〔防共〕自治委員会を成立させ（昭和十年十二月）、ついで「北支処理要綱」に基づいて華北五省を日本軍勢力下の自治区にしようと画策していた。蘆溝橋事件はこの間に起った事件だが、つづいて通州で、前記の冀東政府の保安隊が叛乱《はんらん》を起し、在留邦人を虐殺するという事件が起った。これが通州事件である。

当時、日本は治外法権をもち、領事官が警察権をもち、これを領事館警察といって邦人保護にあたっていたわけだが、通州事件のような場合は、確かに「警察力では鎮定し得ぬ程度の擾乱」である。日本の出兵は、一部はこれの鎮定と邦人保護を名目としていたから、「日支事変」「日華事変」という言葉は、おそらく、それから生じたものと思われる。

前に安岡章太郎氏と対談したとき、氏は、昭和十三、四年ごろの、やりきれないような厭戦気分と底無しの退廃的事象を指摘されたが、これは私にも覚えがある。

日露戦争の例を見ると、われわれは、たとえ「これは国家の存亡をかけた大戦争である、政府はこの事態を避けるためあらゆる努力をした」と説明され、それに納得し覚悟したところで、せいぜい二年ぐらいしか、戦争という緊張には耐えられない国民性をもっており、それは、当時の新聞や株式市場の記録を見れば明らかである。

それが、そういった「国民の決心・決意」を求めることもなく、「三か月ぐらいで片づく」「警察力では鎮定し得ぬ程度の擾乱」への対処であったはずのものが、ずるずると、わけのわからぬ一大戦争に発展していっては、何ともいえぬやり切れない気持になり、同時に、先行きに強い不安をもつのが当然である。そして、それを自らの手でどうもできないこと、さらに、否応《いやおう》なく自分がそれに捲《ま》きこまれていくことが、底無しの退廃を生む。

さらに大きな問題は、過去の戦争がすべて、八か月とか一年四か月とかであったので、戦争が一国の経済に大打撃を与え、否応なく国民生活を圧迫して行き、しまいには食も衣もなくなってしまうという経験が、政府にも軍部にも国民にもない、ということであった。

確かに日清・日露にも多くの将兵が出征したとはいえ、当時の日本の動員能力は二パーセント以下であって、国民の九十八パーセントは、実際には戦争への「心理的参加」のみで、日々の生活それ自体に、はっきりそれと意識できる変化もなければ、もちろん、内地が戦場になったわけでもない。従って当時の新聞を読むと、その人びとの心的態度は、切迫感があるとはいえ、心情的にベトナムを支援している人びとの態度と、基本的には余り変りはない。

ところが「事変」にすぎないはずの日中戦争は、あらゆる生活必需品を、徐々にしかし的確に身辺から奪っていく。しかも動員につぐ動員で、「兵隊にとられかねないといえば「あの人、健康そうだけど、どこか体が悪いのじゃないかしら」と変な目で見られかねない」のが実情である。しかも、報道管制は、何の実態も知らせてくれない。しかし現実に身辺では、何やら異常な変化が起り、しかも中国の戦線が膠着《こうちゃく》してどうにもならないこと、そしてどこまでいっても結着がなさそうなことは、否応なくだれにでもわかる。

こういう状態におかれれば、だれでも「いや気」がさし「やる気」を失う。従ってここに小松氏の指摘する厭戦「国民が戦いに厭きていた」が生じた。言うまでもなくこの指摘は、太平洋戦争をはじめたその時点ですでに「厭きていた」ということである。これは当然であって、以上のような状態におかれたら、どんな国、どんな組織であっても志気《モラール》の低下は避けられまい。

もちろん軍は、このモラールの低下を知っている。そして知っているがゆえにあらゆる方法で人為的に「戦意高揚」を図ろうとする。この「人工的高揚」の産物であるさまざまな「企画」は、やれ「祝典」、やれ「旗行列・提灯《ちょうちん》行列」、やれ「国民儀礼」、やれ「壮行会」等の連続で驚いたことに、戦地ですらこの「景気づけ」をやっており、小松氏は次のように記している。

比島沖海空戦

連日飛来した米機動部隊に比島東方海上で大打撃を与えたという快ニュースにすっかり喜んでしまった。

タクロバンからは「米機動部隊は全滅せりと宣伝すべし」という命令がきたので町で戦勝祝賀会をやり、比人のブラスバンドが行進したり、ダンス会をやったり、拳闘《けんとう》、闘鶏をやるやら、活動、演芸大会をやるやら盆と正月が一度に来たような騒ぎだった。

だがこれらは、自然発生的でないだけに、人びとはそれに心から同調できない。すると同調しない者を「敗戦主義者」の名のもとに糾弾する。糾弾されるのがいやだから、みな外面的に騒ぎ、騒ぎそのものを喜ぶことはあっても、その心底は、特にそれが終ったあとは、中年以上には一種の「シラケ」であり、「軍にはこまる」「軍にはこまる」が日常の挨拶《あいさつ》のようになっていく。

これは、前にも記したが「現実的解決を各人の心理的解決に置きかえよう」という行き方だから、社会とは、しばしば現実的解決と心理的解決が逆行するものだと知らない青少年層、およびそれを一歩も出ていないに等しい青年将校だけは、これに満足し、自らの心理的解決という虚構に基づく悲壮感で、逆に現実の社会を規制していこうという形になる。

太平洋戦争への突入は、この心理的解決が現実の解決に先行してしまった行き方であり、従って当時の新聞は「暗雲一気にはれて……」と記したわけである。これは、当時の心情を最もよく表わしている言葉である。しかし、心理的「暗雲」が一気にはれたことは、現実の問題が片づいたことではない。だが、その瞬間だけは、人は、片づいたような錯覚を抱く。しかし、いわゆる緒戦の大勝利なるものが勝利でも何でもないことは、現実を見ればすぐに気づいたはずである。

たとえば、比島を例にとれば、比島攻略の作戦計画、編制準備を開始したのが、昭和十六年八月九日であり、先遣隊のアパリ上陸は十二月十三日であって、この間、約四か月を要している。これは、一つの軍団が一つの作戦を準備から実行に移すにはどうしても必要な期間であり、機甲師団群の大規模展開なら、もっと歳月を必要とするであろう。

これに対してアメリカ側を見ると、コレヒドール陥落が十七年五月六日、比島ビサヤ地区の攻略完了は五月二十一日である。日本側はこれで一応作戦完了だったわけだが、アメリカ軍のガダルカナル上陸は、それから三か月もたたぬ十七年八月七日である。これは、まさに、日本軍の進出能力を見きわめた上での、間髪を入れぬ反撃といえる。

だが当時、この反撃の早さの意味を、本当に知っていた者はいなかった。はじめは大本営すら、ガダルカナルという島の存在さえ知らなかったという。従って、その反撃の重要性は気づくわけがない。「心理的解決」を「現実的解決」と錯覚していたのであろう。

　この錯覚は、全軍否全国民にあった。錯覚がつづいている間は、日本側の抵抗はきわめて頑強であったが、それが錯覚と気づいた瞬間、以前より甚だしい志気《モラール》の低下を招き、すべての人間が実際にはやる気をなくしてしまう。そうなるとまた逆に人工的に志気を高揚させようとする。それがまた低下する、するとまた……でつづく循環はまるで、麻薬で高揚しているようなもので、切れると、前にもました脱力感と失望感となる。この悪循環は結局、最終的にすべての人間を、虚脱状態にしてしまう。終戦と同時の、全日本的虚脱状態は、何も、短期間で生じたのではない。実は八年がかりで到達した状態なのである。

　そして「心理的高揚」「心理的解決」に同調しない者を「敗戦主義者」として糾弾する。小松氏は、次のような例を記している。この例を見れば、以上の関係がだれの目にも明らかであろう。海軍山本大将、米内《よない》大将（七）に「痰唾《たんつば》」をはきかけたとて、それは、はきかけた人間の「心理的解決」になるかもしれないが、現実の国際関係、軍事力の力関係に何らかの変動があるわけがない。従って、現実的解決には全く無意味なのだが、この「無意味」なことが、何かの意味をもつかの如き錯覚で、常にこれが行なわれるわけである。

親米英派

大東亜戦前、親米英派の人々は右翼に付けねらわれ一切の発言も封ぜられてしまい、その身辺さえ危くなっていた。親米英派といわれる人々は米英を良く知っていて戦いに勝目のない事を知っていたので、無謀の亡国的戦いを止めさせようとしただけだったが、時の勢いはどうにもならず満州建国に成功した右翼軍閥に押し流され戦争になってしまった。右翼、さらに暴力勢力の一方的な物の考え方が日本を滅ぼしたともいえる。海軍の山本大将、米内大将等は日米戦では海軍では一ヵ年位しか戦う力がないと常に言い戦いをさけてきた為、親米的腰抜け武士として暴力勢力に睨《にら》まれていた。ある日英国大使館の招宴の帰りに暴漢に痰唾をかけられ罵倒《ばとう》された事もあったという。近衛公は今度の戦いは上々にいって満州事変直後の日本の姿でおさまり、普通にいって満州事変前、へたにいけば明治維新当時の姿となると常に言っていたというが、最悪の形でおさまったという事か。一方的な考え、単純な考え、これこそ最も恐るべきものだ。

象徴的にいえば、太平洋戦争自体が、親米英派を超えて、米英に「痰唾」をはきかけて快哉《かいさい》を叫んだという形であり、従って「暗雲一気にはれた」心理的状態がつづく間と、その後の反動的な志気低下とが、最前線の状態にもはっきりと現われてくるのである。

沖縄戦

オードネルにいた米将校でニューギニア戦以来ずっと日本軍と戦った人がいて、その人の話によるとニューギニアでの日本軍は頑強でいくら撃っても抵抗するので日本人は鬼かと思ったら、比島での日本軍は逃げてばかりいる。武士道等どこにあるかと思ったといった。山下将軍は作戦上大きな失策があったが、沖縄の牛島（八）将軍の作戦は「ベリースマート」だったと、そして沖縄では一時苦戦であったが食物に困る事はなかったという。

言うまでもなく、このことは「志気」はニューギニアまでで、その後、急速に低下したことを物語っている。それはそうなるのが当然であった。確かに沖縄では、少し持ちなおしている。だが「牛島将軍の作戦」は、皮肉なことに、陸軍きっての知米派、八《や》原《はら》高級参謀の作戦であった。山下将軍の失策というのは、むしろ決戦をレイテに変更し、ミンドロ島（九）喪失でこれを打ち切り、急《きゅう》遽《きょ》ルソンに切り替えようとした大本営の失策と見るべきであろう。だが、比島の日本軍のこの「失策」の一因に、大きな志気の低下がある。そしてこの低下は、余り知られていないことだが、末端の兵士よりも、まず幹部、特に本職の職業軍人に現われた。次に小松氏の記す諸例を引用しよう。

慰安所の女を飛行機で運ぶ

ネグロスには航空荘といって、航空隊将校専用の慰安所（日本人女）兼料理屋があった。米軍が上陸する寸前、安全地帯へこの女達を飛行機で運んでしまった。特攻隊の操縦士等、まだ大勢運び切れずにいるのに。

戦闘第一主義は、いつの間にか変わってしまった。これがネグロス航空要塞《ようさい》の最後の姿だ。

女を山へ連れ込む参謀

兵団の渡辺参謀は妾《めかけ》か専属ガールかしらないが、山の陣地へ女（日本人）を連れ込み、その女の沢山の荷物を兵隊に担がせ、不平を言う兵隊を殴り倒していた。兵団の最高幹部がこの様では士気も乱れるのが当然だ。又この参謀に一言も文句の言えぬ閣下も閣下だ。

まずこういう状態が現出する。だが、こういう状態だと知られれば、人はだれでも一種のひけ目を感じざるを得ない。すると今度は、そのひけ目を隠すため、弱い者、軍人でないもの、無抵抗の兵士などに、あたりちらし、威張りちらす結果になる。前述の不平をいう兵隊を殴り倒した記述もその一例なら、これに文句も言えぬ閣下の、文官である小松氏への八つ当りなど、その典型的な例であろう。

河野中将に怒鳴らる

七月十六日の午後二時頃小雨の中を堀内は芋掘りに、自分は小屋の入口で薪《まき》割りをしていた。すると突然怒気を含んだ大声で「小松一体こんな所で何をしているか！」と怒鳴られた。見ればデップリ肥った赤ら顔の河野中将だ。「六月二十日以来ここで自活しています」「坪井隊はボガンへ行く事になっているのに何をボヤボヤしているか」「坪井隊の老人、子供、傷病兵を連れて食料もなく大和盆地を出たので直接ボガンへは行けませんでした。やっとここまで来たのですが皆半病人同様なので目下体力の回復を計っています。それに先日、兵団の下士官の話ではボガン地区はゲリラが多いので兵団も坪井隊もこちらへ転進して来ると聞いたのでわざわざ行く必要もないと思って待っていました」「唯《ただ》ブラブラ食っていたんだろう」「坪井隊へ乾燥芋と乾燥魚を二回程送りました」文句の付けようがないので今度は「昼間から火を焚《た》いて何んだ、お前も相当の教育を受けたのに昼間煙を立てて悪い事がわからんか」「ここは飛行機も敵も来んので皆、昼から焚いています」「戦争はこれからだ！　敢闘精神が足らん」と、彼の言う文句に皆回答をあたえたら、口答えする生意気な奴と思ったかぶつぶつ言いながら行ってしまった。続いて来た梅村副官の奴が又、虎の威を借る狐という形で閣下の言った事を繰り返し、威張り散らして行ってしまった。

一週間後、閣下もここから一時間程下流へ新築を構えたが、昼から火を焚いたとみえて朝から火事を出して丸焼けとなった。様見ろと心の中で叫んだ。

一体、厭戦思想の持主とか敗戦主義者とかは、だれを指す言葉だったのか。以上の記述を読むだけで、軍の首脳部自身が、もう戦争にあきあきして、全く「ヤル気」を失っていたことを示している。これは秦郁彦《はたいくひこ》氏も指摘しており、氏は太平洋戦争を「プロは投げて、アマだけがハッスルしていた戦争」と定義しておられる。しかしこの状態は最後には「アマ」にまで浸透していく。

言うまでもなく小松氏は、普通の市民であり、常識人であり、会った人のすべてが、実に温和な人であったことを証言している。その人ですら、内心「ざまあ見ろ」と思わざるを得ない状態がもたらすものは、すべてにわたる決定的な志気の低下以外の何ものでもない。そして志気の低下は次のような循環で浸透していく。

卑怯者

「我々が野草の調査をやっている間にも状況は日増しに険悪となり、三峯羽黒台間《サンポウ》の糧秣《りょうまつ》運搬も命がけとなってきた。従ってこの運搬に行くのを皆嫌がるようになった。坪井大尉は「卑怯者《ひきょうもの》は危険が近づけば必ず病気になる」と常にいっていたが、果して船越少尉、徳永中尉等は、命令が出そうになると「腹が痛い」「脚が痛い」「下痢だ」等いい出して予防線を張り出した。河野少尉だけは増々張り切って一晩に二回も往復する事があった。

身に弱点を持つ卑怯者達は隊長の御機嫌を取る事に汲々《きゅうきゅう》としており、おかしいようだ。講談に良くある、殿様の御前試合にへぼ侍どもが急に腹痛やシャクを起して試合を断わる話を思い出し苦笑せざるを得ない。これでは勇敢な者が死ぬ確率が多くなるわけだ。（中略）隊長は卑怯者におだてられ、すっかり偉い者になり過ぎ、部下の信用を失っていった。

兵団長や参謀はもちろんのこと、末端の部隊の小部隊長も、部下の信頼を失ってしまう。これは、逆に見れば、部下を信頼できず、部下を統制できなくなった状態である。兵団長は参謀を統制できず、部隊長は「おだてられ、偉い者」になりすぎて部下への統制力を失う。こうなると、部下の中には公然と離反して「自由行動」に移るものがでてくる。

西山中尉

西山中尉は今井部隊の将校で九州の炭鉱で働いていたという元気な男で、質が悪いというので部隊長から嫌われていたので、兵隊十名程を連れ自由行動をとっていた。しかし今井部隊長の米を盗み出したり思い切った事をちょいちょいやっていた。明野盆地でどこかの部隊の兵を殺して、塩を盗んだところを見つけられ、その夜その部隊の兵に襲撃され皆殺しになった。こんな事はざらにあった。

「……こんな事はざらにあった」――その通り、本当にこんなことはざらにあったのだ。そしてその次に来るものは、決定的な相互不信による、組織の実質的解体である。

ルソン島の話

我々はネグロスで、ルソンには山下兵団がいて相当に武器もあるだろうから、そうおめおめと負けんだろうと思っていた。ところがここへ来てルソンの話を聞くと、初めは大分やったようだが、あとは逃げただけだった事が分った。しかも山では食糧がないので友軍同志が殺し合い、敵より味方の方が危い位で部下に殺された連隊長、隊長などざらにあり、友軍の肉が盛んに食われたという。ここに到るまでに土民からの略奪、その他あらゆる犯罪が行われた事は土民の感情を見ても明らかだ。

ミンダナオ　ここは全比島の内で一番食物に困った所で友軍同志の撃ち合い、食い合いは常識的となっていた。行本君は友軍の手榴弾《てりゅうだん》で足をやられ危く食べられるところだったという。敵も友軍も皆自分の命を取りにくると思っていたという。友軍の方が身近にいるだけに危険も多く始末に困ったという。

追いはぎ　糧秣のない部隊は解散して各自食を求めだした。そして彼等の内、力のない者は飢死にし、強き者は山を下りて比人の畑を荒し、悪質の者は糧秣運搬の他の部隊の兵をおどしあげて追いはぎをやったり、射殺したり切り殺して食っていた。糧秣運搬中の兵の行方不明になった者は大体彼等の犠牲となった者だ。もはや友軍同志の友情とか助け合い信頼というような事は零となり、友軍同志も警戒せねばならなくなった。

そして、このようになった組織は、もう二度と、秩序を回復することはない。従って、戦前の日本が、軍が、再びその秩序で再生することはありえず、どのような犯罪も、それが「戦犯」でない限り、一切処罰はありえない。そしてそのようなことは、未来永劫《えいごう》ありえないと人びとが信じたとき、その秩序は跡形なく崩壊し、志気なるものは、一切、消え去って行く。

広島の市会議員だったとかいう兵隊が兵団にいた。なかなかの雄弁家で常に「投降兵や逃亡兵、上官を殺した兵等を処罰する事ができるなら日本も幸福ですよ。おそらく処罰する事ができなくなるだろう」といっていた。

予言者

これが、「暗雲が一気にはれた」とか「一切の迷いは去った」という、心理的解決だけに依拠し実在の現実を無視していた者が、最後に落ち込んでいく場所であった。

そしてこれが、当事者自身が「厭戦」のくせに、あらゆる言葉で実態をごまかしつづけ、その場その場を「心理的解決」で一時的にごまかして行った者の末路だったわけである。小松氏の「国民が戦争に厭きていた」という短い言葉の背後には、以上の引用の裏づけがあった。そしてこれは、一種「滅亡の原則」を示す言葉ともいえる。「厭」は子供でも、ごまかしでは解決できないのだから。

二

以上は、厭戦・志気低下・無統制・上下不信・相互不信・壊滅の順序だが、これが真先に現われたのが、陸海軍の不協力と対立であろう。

言うまでもないことだが日華事変の発端そのものは、海軍も、国民同様につんぼさじきにおかれていた。従って海軍は、陸軍の中国における〝苦闘〟を、おおむね、一般国民よりも冷たい目で眺めていた。それは、そうなるのが当然かもしれない。

そしてこの対抗意識は、太平洋戦争のはじまる前から、一種感情的対立にまでになっていた。私がそれを知ったのは、収容所においてであったが、そのときの海軍軍人の一種異様ともいえる雰囲気をもつ「陸軍嫌悪」は今でも忘れられない。

当時私は、自分の収容所から将官収容所《ゼネラル・コンパウンド》に通勤していた。戦後の将官の態度はさまざまであったが、その中で、ごく自然でありながら一種傲然《ごうぜん》たる威圧感を持ちつづけていたのは、武藤参謀長であった。私は自分の幕舎に帰ったとき、何気なくその話をした。その瞬間、同じ幕舎にいた海軍軍人が「ナンダ、あんな野郎」といった。私はその見幕に少々驚いたが、その嫌悪感の理由をきいてみると、ある面では、実につまらないことが原因だった。少なくとも、はじめは私にはそうとしか思えなかった。

武藤参謀長は、かつて陸軍省の軍務局長であり、そのとき「政党は解散すべきが軍の意向だ」という発表をし、これが新聞の一面に、大きく写真入りで出た。彼が憤慨しているのは、実はそのことなのである。

私は最初、軍が政治に介入したのはよろしくないと憤慨しているのかと思っていたところ、実はそうではなくて、海軍を無視して「軍」といったのはケシカランと憤慨しているのであった。彼によれば、陸軍省の軍務局長と海軍省の軍務局長は同格なのであり、従って、「軍」という以上、両軍務局長立会いのもとに新聞に発表すべきであるということであった。

他愛ないといえば他愛ない話である。しかし戦後、この「陸軍への反感」を、一種の〝進歩性〟ないしは〝平和主義的〟と受けとり、何やら海軍に陸軍より同情的なのも、他愛ないといえるであろう。しかし、考えてみれば、われわれにとって、「陸軍がやりそうだ」と思われる行為のすべては、海軍にとっては、全く、赦《ゆる》すべからざる海軍無視の越権的行為の連続だったわけである。

蘆溝橋事件そのものは突発的事件だから仕方がないにしろ、その後も、海軍とは全く相談なく、ぐんぐん戦線をひろげている。そしてどうにもならなくなると、その尻拭《しりぬぐ》いを海軍にもってきて、しかも対米開戦に躊躇《ちゆうちよ》する海軍は腰抜けだという、海軍にしてみれば、全く「踏んだり蹴《け》ったり」の扱いをうけつづけて来たという感情はどうしても拭いきれない。そしてこれが、ことあるごとに出てきた。前の憤激もその一つであろう。

従って緒戦の勝利は、海軍にとっても、この鬱積《うつせき》をはらす「心理的解決」であったことは否定できない。従って、その「心理的解決」が存続しうる間は、両者は協力するが、ひとたびそれが失われると、以前にもましての離反相克となる。小松氏は次のように記している。

陸軍、海軍

日本の陸海軍は事々《ことごと》に対立的だった。それでもいざ戦争となると協力するので、仲の悪い夫婦の様だと評した人がいる。それは昼間はけんかばかりしていても不思議に子供だけはつくるからだという。大東亜戦で陸海が本当に信頼し合って協力したのはマレイ作戦までで、その後は加速度的に離反していったという。後には陸軍にも海軍ができ（陸軍で軍艦、潜水艦まで作った）、海軍は騎兵までできるようになった。そして陸海の国内に於《お》ける戦争資材の争奪戦は米国との戦いより激しかったという。これも敗戦の大きな原因だ。

こうなった理由の一つは、前記の対立のほかに、日本人独特の一種のセクト主義があった。比島のような五千ないし七千という大小さまざまの島嶼《とうしょ》で構成されている一国を占領するつもりなら、はじめから、「海兵師団」、すなわち海軍の指揮下にある陸上師団が必要なはずである。もちろん日本にも海軍陸戦隊があったことはあったが、これは到底、「海兵師団」の規模も戦闘力ももっていない。

これは陸軍はフランス、海軍はイギリスを模倣し、日本の特殊性の下に自然発生的に生れた組織でないことによって生じた現実であろうが、まるで英仏連合のようなセクト主義は日露戦争のころからあったらしく、たとえば旅順において、最初に二〇三高地の重要性を指摘し、敵がその重要性をうっかり見落して無防備で放置しているから、すぐこれを占領すべきだと陸軍に提言したのが、海軍の秋山真之参謀だったという。陸軍側は一顧だにしなかった。

しかし、旅順の攻略は、元来は、海軍の指揮下で行なうべき性格のものであったろう、というのは旅順そのものが戦略上の要点だったわけでなく——というのは陸軍はこれを無視して北進し得た——、その港内にひそむロシア極東艦隊が問題だったからである。そして二〇三高地が要点であることは、海上から眺めた方が、はっきりとわかって不思議でない。

言うまでもなく「海兵隊」は、こういった情況に対応すべく編制されたものだが、日本にはそれがない。従ってミッドウェーのような小島の占領、それにもとづく米海軍のおびき出し、といった場合でも、陸軍の協力を要請している。またアッツ（一〇）、キスカ（一一）、硫黄島《いおうじま》などは、元来が海兵隊が占領し、海兵隊的見地から防備を施すべきものであろう。

ところが、比島占領となると、小部隊の島嶼間の移動、補給等、すべて船を必要とする。そこで陸軍が、小海軍をつくったわけだが、海上運航の知識が皆無のため、民間の船長・船員を徴用し、それを陸軍の将校が指揮するという、きわめて変則的なものになった。小松氏はそういう船でレイテに行っている。

レイテ島

セブからレイテには飛行機は行かぬというので、機帆船（一二）で行くことにした。幸い九月八日にレイテタクロバンに弾薬、糧秣の輸送をする機帆船の船団が出るというので、これに便乗させてもらう。船は五百屯《トン》ばかりの船で、椰子《やし》の葉で擬装し木製の砲を載せた物々しいものだった。荷役を終ってセブを出港したのは九日の午前一時、僚船は八艘《そう》。この船団の指揮官は若い少尉で、我々が申告に行かぬといってカンカンになって怒ってきた。実に生意気な奴だ。気分を害す。船長は良き人物にて色々とめんどうを見てくれた。

海は静かで波一つない。夜明けにはセブとレイテの中間まで来ていた。（中略）

船はタクロバン直行の予定だったがサアマアル海峡にゲリラが出るというので、海峡を夜間通過する為、予定を変えてオルモックに臨時に寄港した。(中略)酒精工場はオルモックにあるのと生意気な奴と一緒の船の中にいるのは一日でも少い方が良いので、オルモックで下船してしまった。(中略)この日の夕方、我々の乗ってきた船団はタクロバンに向け出港したが、タクロバン入港直前グラマンの第一回空襲に会い、全員行方不明となった。生意気な少尉殿のお陰で我々は命が助かった。「冥《めい》せよ少尉殿」

この、「海兵師団」なき日本の、陸海軍反目の落し子ともいうべき「陸軍軍艦」の〝雄姿〟は、その小松氏のスケッチで明らかであろう。こういう〝八幡船《ばはん》(一三)〟なみの〝軍艦〟が南方の海上を走っていたことすら、今では——否、おそらく当時も——知られていない。

そして、比島戦末期におけるこれらの「陸軍・海軍」すなわち船舶工兵の末路は、だれも語らない一つの哀史である。彼らはまるで、小松氏のいう「仲の悪い夫婦」に認知されぬ陸軍の「私生児」の如く、どこかへ消されてしまった。そしてその最後は、小松氏のこの記録のほかには、比島側の、〝残酷物語〟から知る以外ないに等しい。小松氏のいたネグロス島の、ほんの一例をあげよう。

「……ゲリラ隊員である私は、住民の援助で一九四三年の新年にカディス沖の珊瑚礁《さんごしょう》に難破した発動機船に乗っていた二十七人の日本人を捕えた。気も狂わんばかり喜んだ住民は、彼ら日本人十五人をまたたく間に殺してしまった。ゲリラ隊員は残余の者を本部に連れていった。……住民の中に子供を日本兵に殺された父がおり、復讐《ふくしゅう》を誓った」。つづいて耳を切り落したり、徹底的に殴打したりのリンチの記録が長々とつづき、最後に全員がボロ（蕃刀《ばんとう》）で切り殺される描写で終っている。

船舶工兵、特に難破・漂着した者への「事件」の比島側の同様な記録は、文字通り枚挙にいとまないほどあるが、その中で最も大きなものは、米軍上陸を避けて、リンガエンの北サンフェルナンドを出航して北上した船舶工兵第二十五連隊の運命であろう。

この部隊は転進時は約一千名、上陸用舟艇（いわゆる大発）と機帆船（四五〇〜五〇〇トン、おそらく小松氏の絵と同型のもの）数十隻《せき》に分乗して、北端のアパリ港（私のいた近く）へ出航したのだが、二か月後に実際にアパリに到着し得たものは、乞食《こじき》の如き姿になった五十名だけであった。その間の彼らの運命はわからない。ただ、リンガエンとアパリの中継港クラベリヤで、この期間に、難破上陸した日本兵が全員ゲリラにボロで斬殺《ざんさつ》された記録があり、それがおそらく彼らの一部であったろうと推定できるだけである。そして同種の事件は、次の小松氏の記述からも察知できるように、何も、戦争末期にかぎったことではなかった。

実情は、当時も今も知られていない。それも不思議ではあるまい。陸海の立場が逆転しているとはいえ、これとよく似たもっと大きな事件すら、その真相はひた隠しに隠されて来たのだから。

——小松氏は次のように記している。

古賀大将（一四）の死は作戦指導中の殉職と発表され、国民は不審に思っていた。この真相はストッケードで聞いた。

古賀連合艦隊司令長官の最期

古賀大将は幕僚を連れ、飛行機で艦隊に入るところを視察中飛行機に故障を生じ、比島のセブ島に不時着した。そこはゲリラの本拠だったので大将は自決し、幕僚は捕えられた。その後セブの警備隊長大西大佐の率いる討伐隊がこのゲリラを完全に包囲し、正に全滅しようとする時軍使が来て、古賀大将一行を引き渡すから包囲を解くよう交渉があった。司令部からは一行引き取り後、攻撃せよとの命令があったが大西部隊長は古賀大将一行を受け取った後、独断で包囲を解いてしまった。これが殉職の真相だという。大西大佐は山口大佐と同じ様な人柄だった。（大西部隊の陣内少尉の話）

小松氏の収容所内の「聞き書き」を、他の記録と照合すると次のようになる。

昭和十八年十月、古賀連合艦隊司令長官と参謀長以下十名を乗せた海軍機がセブ市南方のナガ部落沖合で不時着した。一説によると、この不時着で古賀司令官だけが即死し（？）、他は全員無事であったという。

ここが小松氏の「聞き書き」と相違するが、こちらが事実とすれば、「司令官即死・他無傷」とは、不思議なこともあるものだと思わざるを得ない。参謀長以下十名は海上を漂流中、フィリピン人の丸木舟に助けられたが、クーシン中佐（一五）指揮のトパスのゲリラ司令部に拉致《らち》された。このとき、連合艦隊の作戦計画書と海軍暗号書がすべてクーシンの手に渡ったといわれる。

これが事実なら大事件のはずである。陸海協議してすぐさま全作戦の変更と暗号改訂等を行なわねばならず、なお、十人が何をゲリラに〝白状〟したのかも、正確に知らねばならない。

ところが大本営は「連合艦隊司令長官古賀大将は南方作戦中殉職せり」で、「戦死」という表現を使わずこれを公表しただけ、この真相を一般国民はもちろん陸軍側にもひた隠しにした。

現地軍はもちろん何も知らない。セブ市駐屯部隊には「不時着機救助」の緊急指令が来たことは来たが、それ以外には何も来ない。そこで警備隊は現場近くの海岸附近に捜索隊を派遣したが、ただ、十人の日本人がゲリラに拉致されたらしい、というフィリピン人の証言があるだけで、何もわからない。何しろ、撃墜、轟沈《ごうちん》、不時着は日常茶飯の前線である。大した事件とは思わないのが普通であろう。そこで一応捜索隊を引き揚げた。

ところが海軍側は、全然陸軍に連絡せずに、極秘に必死で捜索を続行していたらしい。しかし結局どうにもならなくなり、数か月後に陸軍側に連絡があって、協力を求めて来たという。ゲリラは元来、神出鬼没だから、そうおくれてはどうにもならない。

そのまま半年たった。昭和十九年四月十日ごろ、セブ島ゲリラ討伐作戦が行なわれ、小松氏の記す大西部隊が、クーシンの司令部を包囲した。そしていざ攻撃に移ろうというところで、驚いたことに前方に日章旗が現われた。これを見たある兵士が、驚愕《きょうがく》のあまり、「あれっ、日の丸」ととんきょうな声を立てたという。

攻撃中止、前方を見ているうちに、日章旗を掲げて二人の日本人が来た。一人は海軍士官、もう一人は下士官。そして大西部隊長の前にクーシンの手紙を差し出した。その要点は「日本軍は直ちに討伐作戦を中止し、兵を駐屯地に引き揚げ、住民の生命を保障すること。この要求に応じたなら、十名の捕虜を日本側に引き渡す」ということであった。大西部隊長はこの要求に応じ、十名を引きとり、独断で包囲をといて、引き揚げた。この話は私も、戦争中に、セブから移動して来た部隊の兵に聞いた。

以上が、ほぼこの事件の全貌《ぜんぼう》と思われるが、まことに相互非協力の象徴のような事件である。こういう例をあげて行けば、際限がないと言ってよい。その原因は、歴史的には、前記のような「模倣の対象」の違いに求めうるであろうが、根本的には、日本の「タテ社会」に基因する、陸海に共通する決定的な「タテ組織」にあったであろう。これは単に陸海の不協力だけではなく、陸軍内の空地・歩砲の協力すら行なわせないほど徹底していた。そのよい例がノモンハンである。五味川純平氏の『ノモンハン』を私たちが読むと、そこにあるのは結局、「タテ」でしか動けず、「ヨコ」の連携が実際はできない組織（名目的には、できていることになってはいるが）である。

この関係と非常によく似たものを戦後に探せば、それは日本の労働組合ではないであろうか。「陸海の連帯」「歩砲の協同」の如く、労働者の連帯・団結はそのスローガンである。しかし実際は、官公庁・会社の企業別「タテ組織」であって、職種別の「ヨコ組織」にはなりえない。「動力車労組」といったところで、国鉄〔現・ＪＲ〕・私鉄の「全動力車労組」の意味ではない。また全日本を統合する「トラック運転手労組」「エレベーターボーイ労組」といった横組織が存在するわけではない。すべてが「タテ」だけで動き、横の協同はできない。それは根幹から末端に至るまで同じであり、それを表象するのが、「陸海軍の対立」であった。

従って、他の組織が主導権を握ったことには、「随従させられる」という気持しかもてない。そして、「ついて行けない」という感じをもち、ひとたび苦境に遭遇すると反発を起してばらばらになり、統制力を失ってしまう。調子のいいときは、自分が主導権を握るべく積極的になるが、それが逆転した瞬間に、すべては、組織単位ごとに分解してしまう。それを象徴するのが、まさに「陸海軍の反目」であったろう。その意味で、小松氏のこの指摘は、絶対に軽い問題ではない。

注一　一三四〇年から一四五三年まで、イギリス王家とフランス王家の対立を軸に、ヨーロッパ諸国家間で続けられた戦争。

注二　一六一八年から一六四八年まで、ドイツを主な舞台に繰り広げられた宗教戦争。スペインなどのハプスブルク家（カトリック側）と、フランスのブルボン家（プロテスタント側）との対立が主軸。

注三　ベトナム西北部のラオスに近い地。ここを舞台に、ホー・チ・ミンらのベトナム軍はフランス軍と戦い、勝ち、北ベトナムの基礎を固め、アメリカ（南ベトナムを保護）との対立の発端となった。

注四　この二年前にアメリカ軍は撤退していたが、このとき北ベトナム軍は南ベトナムのサイゴンを急襲し陥落させ、現在のベトナムになった。

注五　太平洋戦争中、陸軍の参謀総長だった杉山元《はじめ》。敗戦後の九月一二日にピストルで自決したが、折に触れ記していた「杉山メモ」は、太平洋戦争の真相がわかる貴重な資料として有名。

注六　一般的には「上海事変」と呼ぶ。昭和七年一月一八日に日蓮宗の僧侶グループが上海で中国人に襲撃された事件。一人が死亡し、日本人居留民は怒り、とうとう二八日に日本海軍の陸戦隊と中国軍が戦闘をし始めた。陸軍部隊も派遣され、激戦が続いたが、五月五日、イギリスなどの仲介で日中停戦協定が成立し、上海での戦闘は一応鎮火（満州事変が起きたのは前年）。

注七　米内《よない》光政海軍大将。第一次近衛文麿内閣などで海相を務め、昭和一五年一月には首相となったが、その親英米的傾向を陸軍に批判され続け、とうとう総辞職に追い込まれた。約半年の内閣であった。

注八　牛島満《みつる》大将。沖縄防衛戦での陸軍最高指揮官。

注九　ルソン島のすぐ南方にあるのがミンドロ島。昭和一九年一〇月に、マッカーサーは「三年前の『アイ・シャル・リターン』との約束どおり、私は戻ってきた」と高言し、レイテ決戦が始まった。そうして、一二月一五日にはミンドロ島にも米軍は上陸してしまった。

注一〇　北太平洋のアラスカ半島西方にアリューシャン列島と総称される島群があるが、その西端の島。陸軍の北海支隊が、昭和一七年六月八日に占領した。翌年の五月二九日に日本軍は玉砕。

注一一　右記のアッツ島の東方にある島。これは海軍の陸戦隊が、同じ六月八日に占領。翌年、撤収。

注一二　発動機（内燃機関、いわゆるエンジン）付き帆船の略称。だいたい小型。

注一三　戦国時代のころは海賊船のことを、江戸時代の半ばごろからは密貿易船のことを八幡船《ばはんせん》と呼んだ。

注一四　古賀峯一《みねいち》海軍大将。山本五十六が戦死したため、あとを承けて、連合艦隊司令長官。

注一五　ユサッフェ系ゲリラの、セブ島におけるリーダー。当時、フィリピンのゲリラ組織には、左翼系のHUKUBALAHAP《フクバラハップ》と、連合軍（つまりアメリカ軍）西南太平洋司令部（マッカーサーが、総司令官）に直属するUSAFFE《ユサッフェ》の二大系統があった。つまり、クーシンはマッカーサー指揮下のリーダーだったわけである。

第七章　「芸」の絶対化と量

「いろいろ言われますけどね。何やかや言ったって日本軍は強かったですよ。あの物量に対して、あれだけ頑張ったんですからなあ。確かに全世界を敵にまわしたから敗れたんで、こりゃ、軍の責任でなく、政府・外交の責任でさあ。それまでこっちの責任にかぶせられて、日本軍の責任にされちゃたまりませんよ」

こういった意味の発言をする人は少なくない。そしてそういう人のあげる具体的実例は、その実例があくまでも事実であるだけに、非常に説得力があって反論できない。では、それは果して事実なのであろうか。もし事実とするなら、その「日本軍の強さ」なるものの謎は一体なんなのであろうか。

これは一言でいえば、中小企業・零細企業的な強みなのである。私自身零細企業者なので、両者の相似点については強い実感をもっているが、普通の人へはこの点がなかなか理解しにくいと思うので、具体的な例をあげて比較してみよう。

私の取引先のT印刷所は、機械二台、家族だけの零細企業である。その印刷機の一つは、今ではおそらく博物館にしかないと思われる、俗にチャンドラという印刷機で、Tさんはそれをもう半世紀も使っている。いわば印刷機の三八式歩兵銃である。だがこのT印刷所の〝技術〟は、高性能総自動化最新式印刷機で刷った印刷物よりはるかに立派であり、T印刷所ファンの出版社は多い。日本で知らぬ人のない高名な大出版社の代表的出版物で、そのカバーとか箱とかの実に鮮明な美術印刷が、実は、この三八式歩兵銃＝チャンドラの製品であるものも決して少なくない。

これは実にすばらしい〝技術〟であり、従って、どんな不況が来ても、どんな大資本・総機械化・最新式印刷工場と受注を争っても、ある印刷部門に関する限り、Tさんは負けない。いわば絶対的な強みをもっているのである。

しかしTさんがもっているのは、正確にいえば個人のもつ〝芸〟であっても、客体化できる〝技術〟ではない。いわばTさんの技術は、〝武芸〟と同じような〝印刷芸〟であって、正確には、氏から離れて、それだけを系統的に多くの人が同時に学びうる、体系的技術ではない。またこの〝芸〟は、チャンドラでだけ生かされるもので、氏がチャンドラですばらしい印刷をするから、高性能総自動化最新式印刷機ならもっとすばらしい印刷ができるかといえば、そうではないのである。いわば他に伝えられず、他に利用・転用できない閉鎖的な術、すなわち、体得した秘術ともいうべきものであろう。従ってこれを修得するには、Tさんのところに徒弟に入って、一対一の秘伝伝授で、体で学びとる以外に方法がない。

　これを技術と考えるなら、なぜこういう技術が発生したかである。言うまでもなく零細小企業は、規模・資本その他のすべてが極端にまで制約された企業であり、この制約の中で、〝芸〟だけで他と競争して生き残ることを要請されている。これはちょうど、武器を日本刀にのみ制限し、この制約の中で、〝武芸〟だけで優劣を争う行き方と似ている。

　従って、この制約の中で争う限り、この〝芸〟は、いずれの場合であれ、圧倒的な強みを発揮しうる。また客観情勢が偶然にこの制約と一致すれば、同様の効果をもちうる。宮本武蔵が、客観的制約を剣に限定されているなら〝百人斬り〟も可能であろう。ただし、武蔵の術は、機関銃の前には役に立たない。

　われわれは、非常に長い間、この一定制約下に「術」乃至《ないし》は「芸」を争って優劣をきめるという世界に生きてきた。この伝統はいまの受験戦争にもそのまま現われており、ちっとやそっとで消えそうもない。

　そしてこの「術・芸」絶対化の世界に生きていると、この「術・芸」が、それを成り立たせている外部的制約が変わっても、同様の絶対性を発揮しうるかの如き錯覚を、人びとに抱かすのである。簡単に言ってしまえば、チャンドラで最高級の印刷ができる者は、それ以上の優秀な機械をつかえばそれ以上の印刷ができるという錯覚であり、これが極限まで進むと「一芸に秀でたものは万能」という考え方をもうむ。従って双葉山（一）や呉清源（二）が新興宗教（三）の看板になり得た。

さらにこの考え方は、当然に、チャンドラを大量に揃えれば、輪転機にも対抗でき、チャンドラに徹底的に習熟して〝芸〟たりうれば、どんな最高の技術にも勝ちうるという考え方にもなる。そして、これがさらに極端にまで進めば、竹ヤリで原爆に対抗できるという発想になる。

こう書くと、戦前の日本人とは何とまあ非科学的なと考えやすいが、実は、戦後も少しも変ってはいない。これがどれくらい変っていないかは、前にも記したが、南京攻略時の『百人斬〔り〕競争(四)』の戦前・戦後の扱い方を見ればわかる。

この記事が最初に出たのは、言うまでもなく昭和十二年である。〝当時〟の人間は非科学的であったから、〝芸〟による超能力が存在しうると信じ、小銃・機関銃・手榴弾《てりゅうだん》の存在する現在の戦闘において、その殺傷効力が一メートル余しかない日本刀を戦場で使い、その〝芸〟を活用して、バッタバッタの百人斬りをやって、刀も折れねば本人が負傷もしない、ということを信じ得たとしても、あるいは不思議でないかも知れぬ。これはいわば武〝芸〟絶対化の世界である。そして絶対化されれば現実には、日本刀にはこれだけの強度はなく、実戦の武器としては、大坂の陣で、宮本武蔵ですら、これを活用できなかったという事実は、無視されても致し方がない。そしてこれが極限までいけば、竹ヤリで原爆に対抗できるという発想になって当然である。

言うまでもなくこれは、毎日新聞の一特派員の〝戦意高揚〟のための創作記事だが、問題は、この創作が何の抵抗もなく受けいれられたという事実であって、この道は竹ヤリ対原爆の悲惨な敗滅へとつづいているのである。そしてこの事実の背後には、徳川時代以来の、外的制約を固定して、それが絶対に動かないという根拠なき信念のもとに、その固定の中で芸をみがき、その芸が極限まで達すれば、外的制約は動かなくてもそれを乗り越え得て万能でありうるという考え方があった。

そしてその伝統的思考パターンが、何の疑問もなく戦後に継承されていることは、この記事が日中ブームの中で、再び、本多勝一記者によって事実として報ぜられたとき、人びとは無条件でこれを事実として受取ったことによって示されている。そして事実でない、といえば、文字通りおそるべき抗議文の山となった。抗議の前に、なぜ事実の検証をしようとしないのであろうか。これを抵抗なく事実として受取れる背後にあるものは、依然としてつづく、前述の〝芸〟絶対化信仰の世界である。

一体われわれは戦後、戦前に比較してどれくらい〝科学的〟になったのであろうか。小児でも疑問をもって然《しか》るべき記事を、なぜやすやすと信じてしまうのであろうか。これをやすやすと信じ得た人は、戦争中の日本人を笑う資格はないし、大本営発表を批判する資格もないと私は思う。そして小松氏が、敗戦の最も大きな原因としてあげているのは、この点なのである。

一　精兵主義の軍隊に精兵がいなかった事。然《しか》るに作戦その他で兵に要求される事は、総て精兵でなければできない仕事ばかりだった。武器も与えずに。米国は物量に物言わせ、未訓練兵でもできる作戦をやってきた。

四　将兵の素質低下（精兵は満州〔事変〕、支那事変と緒戦で大部分は死んでしまった）

敗因一の一部は前に別な面で引用したが、今回取りあげたいのは、最初の文節につづく第二の文節である。

言うまでもなく、この二つは関連している。まず、〝芸〟の世界が成り立つには、二つの原則が必要である。すなわち、外的制約の同一化乃至は同一水準化、およびその中における無限の訓練である。

日本刀対日本刀なら、もちろん武芸だけで優劣がきまる。同じことは小銃についてもいえ、双方三八式歩兵銃なら、〝銃芸〟のまさっている方が勝つ。また両者同一芸なら数の多い方が勝つ。芸が同じでまた数が同数なら、数の〝運用〟が巧みな方が勝つ。これはきまりきった原則であり、要は、この要素の組み合せ方とこれを習熟する訓練だけで勝敗がきまることになる。

従ってもしこの〝芸〟がTさんのチャンドラにおける〝印刷芸〟のように極致にまで達すれば、三八式歩兵銃一丁は優に軽機(五)に対抗できるであろう。そしてそういった〝芸の極致〟の数の運用もまた〝芸の極致〟に達していれば、家康の小牧《こまき》・長久手《ながくて》の勝利と同じような形となり、三八式歩兵銃しかもたぬ一個大隊が重・軽機をもつ一個連隊を敗走させうることもあるであろう。そして、歩兵も砲兵もみなその極致に達すれば、その軍隊は無敵であろう。これがいわば陸軍の公式的発想の基本である。

そしてそこにあるものはやはり、徳川鎖国時代から一貫して流れている伝統であった。そして、これを伝統と考えて客体化して再把握するに至っていないことが、この行き方への盲従となり、絶対化となった。

今でも、日本軍は強かったと主張する人の基本的な考え方は、この伝統的発想に基づいており、しかもそれが伝統的な発想のパターンに属する一発想にすぎないと思わずに絶対化している。そして、後述するように、日本の敗戦を批判する者も、実は、同じ発想に基づいて批判しているのである。

この伝統的行き方は、一面、陸軍の宿命だったともいえる。というのは、上記の伝統を最も継承しやすいのが、徳川的伝統的思考とその戦闘技術を不知不識のうちに摂取せざるを得なかった陸軍であったこと、そして同時に、日本の国力と石油資源の皆無はその大規模な機械化を不可能にしたため、否応《いやおう》なく外的制約が固定せざるを得なかったことにある。

陸軍の散兵線(六)は、昭和十二年ごろまで、日露戦争当時と全く同じの、人間《じんかん》距離六歩の一線の散兵線方式をとっていた。簡単にいえば、チャンドラを変え得ないから、それを活用する方式を変え得ず、その制約の中で〝芸〟をみがくという行き方しかできなかったわけである。

練兵場という言葉がある。いわば兵を練って練って練りあげて、武芸ならぬ〝銃芸〟の達人にしようというわけである。または歩兵には「朝稽古《げいこ》・冬稽古」という、絶えまなき銃剣術の練習があった。この方法を徹底的に推し進めれば、三八式歩兵銃の宮本武蔵が出現しても不思議ではない。

ただその〝芸〟はかつて「飛道具は卑怯《ひきょう》」として制約された世界でしか成立しなかったごとく、

「重砲群・攻撃機・戦車は卑怯」として制約される世界でないと成り立たない。だが成り立ちさえすれば当然に強力であり、従って何らかの客観的事由で偶然にこの制約が存在しうる情況では、日本軍は異常な強さを発揮し得た。そしてその例だけをピックアップすれば、最初に記したように、何やかんや言ったって日本軍は強かったんじゃ、という主張が、根拠があるように見えてくるのである。そしてその強さを発揮し得たものが「精兵」と呼ばれ、この精兵をつくることに軍はその全エネルギーを集中したわけである。これは前述のように一種の受験戦争型訓練であり、従って、前提がなくなれば無益の〝芸〟になってしまうのだが——。

そしてこの行き方のもう一つの欠陥は、交替要員がいないことであった。一言でいえば武蔵の交替はあり得ないのである。またTさんのチャンドラはTさんが働いている限りは高性能総自動化最新式印刷機の如き価値をもつが、もしTさんが病気にでもなれば、一瞬にして全機能は停止し、能力はゼロになってしまう。そして他の人間がこれを使えば、全く機能しないスクラップに等しい。そしてこの克服は、機械的・技術的同一訓練では達成できない。

従って日本軍には、兵団の優劣におそるべき差が生じ、一方が満点、一方が零点ということがありうる。このことは会田雄次《(七)》氏も指摘しておられるが、ある師団は、実質的には戦力ゼロに等しく、ある師団は、想像外の戦力をもつという形になる。従って戦力のバラッキ、個人差、団体差が実にはげしくなる。

言うまでもなくこれは、〝芸〟の有無は、満点かゼロかという形にでても、——いわば全く同じ日本刀でも、武芸者が持つ場合と、武芸を全く持たぬ者が持つ場合とでは、満点対ゼロになるのと同じで――その中間があり得ないからである。そしてその〝芸〟に達するには異常といえる長期の訓練を必要とし、速成大量教育では達成できない。従って補充がきかないという形になってしまう。

そして第三の欠陥は、より大きな高度の技術が開発された場合、この〝芸〟は技術に転用できず、従って武芸者も銃芸者も、無価値の存在になってしまうことであった。さらに問題は、この〝芸〟を基礎に、それもまた〝芸〟として組みたてられた戦術も役に立たなくなり、以上の欠陥を、量でおぎなうこともできない点である。

さらに第四の欠点をあげれば、情況が変化すれば、たとえ精兵の〝芸〟でも一切役に立たないということである。〝芸〟は、客観的な制約を前提としているし――いわば剣法は道場を前提とし、碁・将棋は、盤とルールを前提としている。従って、徹底的な訓練が一挙に無駄になることがあり、そしてそれが無駄であると知った瞬間、すべての自信は崩壊してしまう。

この〝芸〟至上主義、一種の訓練至上主義は陸海軍を通じ、また陸軍の各兵科を通じて共通していた。それは「百発百中の砲一門は百発一中の砲百門にまさる」という言葉に表われている。この言葉は、さまざまな〝名人芸〟を生み出した。そして名人芸はいつしか、手段であるはずの〝芸〟それ自体を一つの目的と化してしまう。

この点、陸軍の〝芸〟至上主義は、戦後の受験勉強と非常によく似ている。すなわち、学力評価の手段である試験が逆に目的と化し、学問はその試験突破の手段となる、といった形である。そうなれば、試験に「アメリカ人にもわからぬ英文」が出題されて不思議でないように、戦場では絶対に起り得ぬ情況を想定した訓練といったものがあっても不思議でない。

私自身、そういう訓練をうけ、実に奇妙なことだと思った経験がある。言うまでもなく砲兵将校の訓練は、一言でいえば射撃（海軍でいう砲術）である。海軍の場合は、双方が動きまわっているから陸軍よりもずっと砲撃はむずかしい、と考えられやすい（阿川弘之氏(八)もそういう意味のことを記している）。

しかし陸軍側にいわすと、海軍は誤射しても「魚が驚くだけ」だが、陸軍の場合は目標のすぐ手前に歩兵がいるから、絶対誤射は許されない。それだけでなく、歩兵とは結局、友軍の弾着点目がけてとびこむという形にならざるを得ないから、そこへの射撃のむずかしさは海軍の比ではないという。さらに、戦線といっても、現地に何か線があるわけでなく、みな擬装して姿をかくしており、これを的確につかむことも海軍以上にむずかしいという。

こういう陸海の「オレが」「オレが」の自慢のやりとりを記しているときりがないわけだが、実は両者には、根本的な違いがある。

それは、海軍では砲と観測所(九)が同一の船にある。そして両者はくっついて一緒に動いており、これが離れることはない。しかし陸軍では、砲と観測所が同一個所にあること（これを砲則観測という）は例外であって、砲は後方に、観測所ははるか前方に出て、この二つを電話・無電・手旗信号等でつなぐのが普通である。そしてこれを遠隔観測という。砲兵将校の訓練とは、専らこの遠隔観測射撃の訓練である。

　言うまでもないことだが、砲車・目標・観測所の位置の関係によっては、観測所で見えた通りに砲の射向・射距離を修正したら、とんでもない結果になって不思議ではない。極端な例をあげれば、この関係はだれにでもわかることだが、たとえば観測所が目標の左真横にあり、いわば、弾着を横から眺めていたらどうなるか。

　この場合、目標の手前に落ちたと見えた砲弾は、砲車から見れば左に落ちている。目標より遠くその背後に落ちたと見えれば、砲車から見て右に落ちている。同じように目標の左は、射距離が遠すぎるのであり、目標の右は射距離が近すぎるのである。この関係を一言でいえば「遠近の誤差が方向の誤差に見え、方向の誤差が遠近の誤差に見える」ということである。従って、近いと見えたら右に修正し、遠いと見えたら左に修正し、左と見えたら射距離をちぢめ、右と見えたら射距離をのばさねばならない。射撃訓練の原則とは、一にこれだけである。

　従ってこの関係が全部頭に入り、方向角と射距離の関係とその換算率のすべてが、あらゆる関係位置において頭の中に入っているという人間、簡単にいえば、頭の中が電算機のようになっている人間をつくり出すことである。

　ところが、これがいつの間にか一種の〃芸〃になってしまい、その〃芸〃を磨きあげ、練りあげることが訓練になってしまう。私などはしばしば、戦場では絶対に起り得ないような状況を設定されて、この〃芸〃の訓練の〃しごき〃をうけた。そしてこの〃芸〃の極意に達した人が、〃射撃の名人〟とか〝神様〟とかいわれた。

〝芸〟はこれだけで終わらない。射弾観測といえば「一言《ひとこと》」だが、実際には、炸裂《さくれつ》する砲弾があげる白煙の基部を瞬時に観測して、眼鏡内の目盛りで、目標との誤差を計らねばならない。煙はすぐに消え、また風で移動するから、文字通り「瞬間的」な一種の「カン」で把《とら》える。

　さらにこれが、短延期榴弾ともなると、もっと複雑である。これは、地表に落ちた砲弾がはねあがって、空中で炸裂するように出来ているので短延期信管（一〇）とよばれる信管だが、この場合は、砲弾が接地したときの土煙で観測せねばならない。これは、私のような素人の手にはおえない。いわば〝名人芸〟を要請される観測である。

　だが、このようにして受けた訓練、その結果による〝芸〟が、果して役立ったであろうか。私はもちろん名人ではなく、〝名人芸〟はもっていなかった。しかし、たとえもっていても、すべてが無駄であったろう。というのは、ジャングルに砲弾が落ちたら爆煙は見えない。たとえ何やらそれらしきものが見えても、「基部」は不明である。では、そうなったとき、一体どうすればよいのか。この「前提の一変」は〝名人芸〟ではおぎない得ない問題であり、これだけはいくら〝芸〟を磨いても解決がつかない。

　アメリカ軍はこの問題を、いとも簡単に解決した。彼らはわれわれが「垂直発煙弾」と呼んでいた砲弾を開発した。そして、この構造は、何もむずかしいものではなかったのであり、日本側でも、〝芸〟に熱中していなければ、すぐに出来る簡単なしろものであった。

「日本海大海戦」の絵を見たことのある人は、水中に落ちた砲弾が垂直の水柱を吹きあげているのを見たであろう。これは海軍の砲弾が徹甲弾(二)で弾底信管(三)であるから、水中に落ちれば、砲弾の尾部が炸裂《さくれつ》して、中の火薬が水を吹きあげる。これが水を水柱に吹きあげるわけだが、同じ型の砲弾を造って、中に発煙剤と少量の火薬を入れておけば、その砲弾は土中にもぐって、自らがあけた穴を筒にして、煙柱を吹きあげる。それがジャングルの樹上高く柱のように吹きあがれば、それだけで、弾着点がわかるわけである。

言ってしまえばごく簡単なことなのだが、制約を固定した前提を考えて〝芸〟に熱中している世界では、この簡単な発想すら浮ばないのである。これが造れるか造り得ないかは、「物量」の問題ではない。

このわずかな一工夫もないことのために、練りに練った〝砲芸〟はすべて無力になってしまう。そのため、砲撃できる「面」が、自己の前提に適合したところに限定されてしまう。日本軍の仮想敵はソヴエトであり、従って、北満の広野なら、その〝芸〟も前提に合ったものだったかもしれぬが、南方のジャングルにはその前提自体がない。さらに、以上の術は、観測所と砲車とが、電話・無電その他で密接に連絡できない限り成り立たない。

しかし、これらの通信手段が常に完備しているとは限らず、戦闘がはじまれば一切の通信手段が破壊されることは十分にありうる。そのとき一体どうするのか。

私は、現地で参謀に、これを質問したことがある。そのときの返辞は次のようなものであった。

「なに、電話が通じんと射撃ができん！　キサマそれで砲兵将校か。関東軍では一万メートルでも、手旗の逓伝で連絡しとる、訓練を徹底すれば、それだけのことができるんじゃ、ワカッタカ」。

　通常通信能力三百メートルの手旗で、一万の距離に正確に送信することは確かに〝名人芸〟であり、それは〝芸〟としては極致であるといえる。しかしそれも、前提あってのことである。確かに北満なら、手旗の連絡も可能であろう。

　ではどうやって、視界ゼロのジャングルで手旗送信ができるのか？　もちろんできない。従ってこの参謀には、前提が違えば〝芸〟の威力は皆無になるという考え方がない。最初にのべたように、こういう場合〝芸〟は受験勉強と同じであって、試験のやり方という前提が一変すれば、百点満点が八十点になるという形にならず、零点になってしまう。

　さらにこの〝芸至上主義〟は、実情を無視した〝神がかり的自信〟を発生させる温床になった点で、日本軍の致命傷にもなった。例をあげれば、「百発百中の砲一門は……」という考え方である。これは、百発百中の砲一門に一発の砲弾があれば、百発一中の砲一門に百発の砲弾があるのと同じ威力がある、ということになる。この考え方は一見、数理的合理性をもっているような錯覚を抱かし、芸至上主義の〝科学的裏付〟のような形になってしまう。

　だがしかし、あらゆる火器には公算《こうざん》誤差（一三）が存在する。この誤差は、どんなに精密に火器を造りあげても、各部分部分に生ずるさまざまな計測不能の誤差と、客観情勢の変化により必然的に発生する誤差と、発射の条件変化に基づく誤差との総計のようなものである。

簡単にいえば、各砲弾の重量は完全に均一ではない。これは＋ー《プラスマイナス》を砲弾に記してあり、プラス二からマイナス二まであり、試射等で決定標尺（一四）を求める場合、なるべく同一記号弾を使用することが原則だが、この＋ー符号内の誤差はいかんともしがたい。

第二に、気温である。炎天酷暑の南方で射撃するときと、零下三十度で射撃するときでは、装薬《そうやく》（一五）発火時の温度が違うから、当然に、爆発推力に誤差が生じる。また同一地点でも気温は常に変化し、さらに、発射の際に出す火薬ガスが熱するので砲身の温度もちがってくる。これは修正できない。

その上、風は弾道に影響する。さらに地盤、抽退器（一六）の性能、温度による抽退液（一七）の粘度の変化、等々の誤差があり、その上、発射時に砲がはねあがる定起《ていき》角（一八）という誤差がある。理屈からいえば、射角四十五度のときが最大射程になるはずだが、この定起角のため陸軍では通常四十二・五度、海軍では四十三度〔のとき〕が、最大射程である。しかしこの定起角は、あらゆる外的条件で細かく変化する。これを不定定起角といい、これは修正の方法がない。これらの――ほかにも多々あるが――諸要因の総計が、公算誤差であり、これは、訓練では克服できない。

これらの誤差を、実用化したのが「実用公算誤差」であった。従って、ある距離で、ある目標に命中弾を出そうとするなら、いかに緻密《ちみつ》な〝芸〟を用いても、一定量の砲弾は必要である。

かりに、その量を三十発と仮定しよう。この場合、その命中弾は、第一発目に出るか三十発目に出るかは、だれにもわからないし計測も不可能である。従って、どうしても命中弾を出したいのなら、徹底的な〝芸〟的訓練のほかに、なお最低一門三十発の砲弾が必要なのであり、このときもし、そこに二十発しか砲弾がないなら、今までの〝芸〟的訓練は一切むだになりうる——まぐれで命中弾が出てくれれば別だが。

いうまでもなく、命中しない砲弾は原則として無効である。命中は質的問題だが、この質的問題を解決するには、どうしても一定量が必要であり、この量がなければ、すべては無駄——訓練もむだ、砲弾もむだ、そこに砲があるのも、砲を製造するのも、砲を運ぶのもむだ——になってしまう。そして、この公算誤差は、砲だけでなく、すべての火器に存在した。そして、〝芸〟至上主義の陸軍に皆無だったのが、以上のわかりきった事実の、はっきりした認識に基づく自覚であった。

以上のことは、日本の精兵は、〝芸〟としての徹底的訓練をうけ、かつその〝芸〟が活用できる前提がある場合にのみ精兵であって、そのいずれが欠けても全く無能力集団と化さざるを得なくなる事実を示している。だがこのことも、指導者がそれを認識しているなら、まだ対策のたて方があった。従って問題は、決して一方向では解決できなかったのである。

まず、一つの面は小松氏のあげている「四　将兵の素質低下（精兵は満州、支那事変と緒戦で大部分は死んでしまった）」という問題である。

元来日本軍の常備兵力は十七個師団しかなかった。これは現在、ソ満国境に集結されているソヴエト軍だけで百個師団という情報と比べれば、その驚くべき数的劣勢さが理解できるであろう。この現役師団そのものにも優劣があったであろうが、それを一応全部〝芸〟に到達した精兵と仮定しても、大作戦を行うには基本的絶対数が不足している。兵団の数もある点では〝公算誤差〟に似た面があり、一定量以上ないと、その戦力はゼロに等しくなる。これに対して軍は、ただ動員に動員をかけて、人的に補充し、最高時は約七百万（約三五〇—四〇〇個師団）にした。二十倍以上の急膨張である。この二十倍の全部を、すぐさまあらゆる〝芸〟の免許皆伝の兵士に教育することは不可能である。

一方、〝芸〟に到達したものは、小松氏の指摘する通り、初期に消耗し、たとえ残ったものも、未訓練兵の中に散らばってしまえば、逆に〝芸〟としての力を発揮できなくなってしまう。さらにこれは、〝芸〟にまで訓練する〝兄弟子〟の欠如という形にもなった。〝芸〟は組織的教育法では伝授できないからである。

〝芸〟は結局、いわゆる〝しごき〟を中心とする一対一の徒弟制度的教育方法でしか伝授できない。日本軍の内務班制度については、すでに多くが記されているが、それは結局〝徒弟的一対一教育機構〟であった。

従って、ここできたえられた兵隊というのは〝東洋の魔女（二九）〟のような存在だから、魔女が引退すれば、戦力はガタ落ちになってしまう。チームの中に一人魔女が残っていたところで、無力である。またこの魔女は、コートもルールも全く違う戦場《フィールド》に出されれば、やはり戦力にはならない。さらに、これが兄弟子の欠如という形になるが、人々がその〝芸〟の有効性に疑いをもたざるを得ないようになれば、その教育の場は全く空洞化し、単なるリンチの場にしかならなくなる。

軍は、「動員すれば兵は集められる、それを徹底的に訓練すればよい」と考えていた。確かに兵は、赤紙一枚で召集することはできた。しかし、兵器はそうはいかない。小松氏は「武器も与えずに」と記しているが、たとえ、精兵が完全に残っていたとしても、兵と武器とのバランスがとれてなければ無力である。砲兵将校に「射弾観測」のどんな名人芸を叩《たた》き込んでおこうと、砲と測角機材がなければ、その芸は全く無意味な芸になってしまう。

私自身、フィリピンに派遣されて、現地に、砲も機材も全くないことを知って驚きかつあきれた。やっと、四門の野砲と、緒戦当時米軍が捨てていった砲を支給されたが、観測機材がない。それが、全部隊に一個中隊分だけ支給されて入手したのが、米軍の比島上陸の二週間前、ところが、この機材で算出される射距離はメートルなのに、米軍の捨てていった砲の標尺はヤードであった。その上、通信機材がない。やっと、これも米軍の捨てていった電話機を入手したが、電話線がない。これだけは最後まで支給されず、現地で調達したハリガネで間にあわした。それでどんな通話が可能だったかは想像にまかせる。この状態でしかも前提がジャングルである。これではたとえいかな精兵が来ても、その戦力はゼロが当然であった。

だが問題はそれだけでない。小松氏が記しているように、その状態にあってなお「……然るに作戦その他で兵に要求される事は、総て精兵でなければできない仕事ばかりであった」ことだ。これに対して「米国は物量に物言わせ、未訓練兵でもできる作戦をやってきた」わけである。ここで最初の例にもどれば、一方は、〝芸〟なくしてチャンドラをつかう、一方は、高性能総自動化最新式印刷機を多量にもっているという状態である。しかも経営する者は、この基本的相違を無視して経営戦略を立てている。しかもその差は、「一　物量、物資、資源、総て米国と比べ問題にならなかった」という差である。だが、このだれでも口にする二も、小松氏の言う場合は、少し意味が違うのである。氏は次のようにのべている。

物　量

今度の戦争は、日本は物量で負けた、物量さえあれば米兵等に絶対に負けなかったと大部分の人はいっている。確かにそうであったかもしれんが、物量、物量と簡単に言うが、物量は人間の精神と力によって作られる物で物量の中には科学者の精神も農民、職工をはじめその国民の全精神が含まれている事を見落している。こんな重大な事を見落しているのでは、物を作る事も勝つ事もとても出来ないだろう。

問題はここである。氏は、「物量さえあれば米兵等に絶対に負けなかった」という、普通の人が意味するような意味で、この言葉を口にしているのではない。

この物量のないことはだれでも知っていた。知っていてなお開戦に踏み切った背後にあるものは、精兵主義という〝芸〟への絶対的自信があったからである。この自信は、最初にのべたTさんがもっているような自信であった。そして、ある前提のもとでは、この自信は確かに客観的評価としても成り立ち得たのである。従って、「物量の差がわかっているのに、なぜ戦争をはじめた」と、当時の人間を非難する人も、不思議と、他の問題に関しては、同じような自信をもっている場合が少なくない。すなわち「物量の中に……その国民の全精神が含まれている事を見落している。こんな重大な事を見落しているのでは、物を作る事も勝つ事もとても出来ないだろう」であって、「物量」さえあれば勝ち得たと考える考え方そのものに、敗戦の最も大きな原因があった。

というのはそれは、〝芸〟が物量を創り出す技術にそのまま転化できるという誤解——いわば、チャンドラであれだけのことができるのだから、高性能総自動化最新式印刷機が多量にあれば、絶対に負けるはずがない、という考え方と同じだからである。それは、チャンドラによる〝芸〟が、物量すなわち「高性能総自動化最新式印刷機」が入手できないという前提で要請されかつ極度に発達した〝芸〟であるという前提を忘れている発想である。そしてその発想は結局日本が敗れた発想とその基本を同じくする発想であった。

戦後三十年、日本の経済的発展を支えていたものは、面白いことに、軍の発想ときわめて似たものであった。日本軍も、明治のはじめに、その技術と組織を、いわばあらゆる面での「青写真」を輸入して急速に発展していった。その軍事成長の速さは、絶対に、戦後の経済成長の速さに劣らない。否、それより速かったかも知れぬ。

その謎はどこにあったか。輸入された「青写真」という制約の中で、あらゆる方法で〝芸〟を磨いたからである。そしてその〝芸〟が〝名人芸〟に達すれば、青写真の制約を乗り越えうると信じた。そしてそう信じたがゆえに「無敵皇軍」と称し、これが誇大表現であるにせよ、「無敵」に到達しうると信じたことは事実である。あらゆる〝前提〟は一切考慮せずに。

戦後も同じではなかったか。外国の青写真で再編成された組織と技術のもとで、日本の経済力は無敵であると本気で人びとは信じていたではないか。今でもそう信じている人があるらしく、公害で日本が滅びるという発想はあり得ても、公害すら発生し得なくなる経済的破綻《はたん》で日本が敗滅しうると考えている人はいないようである。無敵日本経済力の信仰は、まだまだつづくことであろう——石油問題がすでにその前提の一つをゆるがしているのに。

以上は、小松氏が指摘した、この面の、精神面における根本的な解決は何一つなされていない、一証左であろう。

注一　優勝一二回中に全勝優勝が八回もあったほどの大横綱（第三五代）。戦後、璽宇《じう》教なる新興宗教の信者となり、その本部が警察の摘発を受けたとき（昭和二二年一月二一日）には、刑事と大太刀《たち》回りを演じた。

注二　「昭和の棋聖」と称えられたほどの囲碁棋士。璽宇教の信者。

注三　璽光尊こと長岡良子を「生神様《いきがみさま》と崇《あが》め、独得の国旗、年号、憲法を制定し、総理大臣以下閣僚も任命済《ず》み」の新興宗教で、天変地異の近さを唱えていた。

注四　『中国の旅』という『朝日新聞』の連載企画の、「殺人ゲーム」についての記事（昭和四六年一一月五日）で言及された〝史実〟。昭和一二年一一月三〇日と、一二月一三日の二回にわたって、『東京日日新聞』（現在の『毎日新聞』）に「南京入り〔する〕まで〝百人斬り競争〟といふ珍競争をはじめた…中略…〔二人の〕少尉は十日の紫金山攻略戦のどさくさに百六対百五といふレコードを作つ」た、と報じられた記事にもとづいていた。著者は「日本刀の強度からいってあり得ない」と、『日本教について』（イザヤ・ベンダサン名義）や、『私の中の日本軍』で、徹底的に論じている。

注五　軽機関銃の略称。重機関銃（重機）は、名のとおり重く大型で（九二式《きゅうに》の場合、五五・三kg）あつかうのに数人の人員が必要で、移動も面倒だったため、軽機が開発された。九六式《きゅうろく》軽機だと九kg。

注六　散兵のかたちのうち、〝横に広い〟形態のもの。

注七　イギリス軍の捕虜となった体験から欧米文明を論じた『アーロン収容所』、という著作で有名な西洋史学者。

注八　小説家。特攻学徒兵の日記のかたちで生の実相に迫ろうとした『雲の墓標』など、作品多数。

注九　射つ目標への方向や破裂高《はれつこう》（砲目高低面から破裂点までの距離）や射距離（砲口から弾着点までの距離）などを計測するところ。

注一〇　「信管」とは、弾丸を炸裂《さくれつ》（破裂）させるため、弾頭などにつける装置。

注一一　厚いコンクリートなども貫徹できる砲弾。先が細く尖《とが》っており、外側は厚い。

注一二　信管が、弾丸の頭部でなく、尾部についているもののこと。命中しても爆発を遅らせることができ、目標の内部に入り込んでからなので、重んじられた。

注一三　「公算《こうさん》」とは〝確率〟の意（当時は「確率論」のことも「公算論《こうさん》」と言った）であるから、〝どの程度の誤差があるか、という確率〟のこと。

注一四　一般的には「表尺」と書く。元来は目標に命中するよう狙いを定める器具のことだが、〝表尺距離〟の意で用いる場合が多い。

注一五　爆発させる火薬のこと。

注一六　一般的には「駐退機」と書く。弾丸が発射されると、その反動で砲身は後退しようとする。その動きを適切に制限させる装置。

注一七　「抽退器」の中にある液体。すなわち、後退しようとする砲身を、この液体の圧力（水ならば水圧）で押しとどめ、バネでもって発射位置に戻す。

注一八　擲角《てきかく》と射角との差。擲角とは、つまり〝発射角〟のことで、発射線（弾丸の飛行方向の延線。当時の言葉では擲線《てきせん》）と水平面との角度である。他方、射角とは射線（砲口の延線）と水平面との角度であり、当然〝発射角〟とはズレが生じる。このズレを「定起角《ていきかく》」と言う。

注一九　ニチボー貝塚女子バレーボールチームの、選手たちのこと。大松博文監督の猛特訓で、昭和三六年秋のヨーロッパ遠征において、〝二四戦無敗〟という偉業を成しとげたため、「東洋の魔女」と呼ばれるようになった。三九年の東京オリンピックでも金メダル。

第八章　反　省

戦後三十年ということで、この八月十五日前後は、あらゆる新聞・週刊誌・単行本の「戦争反省もの」の花ざかりであった。そして黙禱《もくとう》もあれば、首相の個人の資格による靖国神社参拝と、それへの批判もあった。まさに「一億総反省」的状態である。

こういう現状を見つつ、小松氏の記す「敗因一〇、反省力なきこと」を読むと、なるほどとうなずかざるを得なくなる。というのは、それらの反省なるものは、どれを見ても、戦後の「経済的無敵日本の発想」、それに基づく「日本列島改造的発想」が、前回のべた「前提を絶対化してその中で〝芸〟を練ることによってその前提を克服して無敵になりうる」と考えた日本軍の発想と、根本的には差がないのではないかといった「反省」とは思われないからである。

これはまさに「反省という語はあっても反省力はなきこと」の実例になるが、実をいえば、帝国陸軍という存在そのものが、同じように、「反省により学ぶ」ということのできない存在だったのである。いまと戦前とのこの「無反省的関係」は、帝国陸軍の「日清戦争前期との無反省的関係」と、ほぼ同一の関係にある。

日本人の行なった最初の近代的戦争は、「西南の役《えき》」である。この戦争の中に、実は、現代に至るまでのさまざまな問題が、すべて露呈していると言って過言ではない。従ってわれわれが、本当に西南戦争を調べて反省する能力があったなら、その後の日本の歴史は変っていたであろう。

さらにここには、マスコミ（といっても当時は極めて小規模であるが）による、全国民の戦争への心理的参加の強制、さらに虚報すなわち創作記事による「鬼畜西郷軍」の虚像作成による「官軍対賊軍」という概念の固定化等、あらゆる問題が内包されている。当時の報道をみると、官軍はまるで神聖兵士軍のように見え、また博愛社（一）により、敵味方の区別なく負傷者を救う、正義人道の象徴のように見える。一方賊軍は、これの対極にあって、捕虜を炭火であぶり殺し、赤熱した銅板を抱かせ、陰茎を切ってその口にくわえさせる等、ありとあらゆる残虐を行なう「残虐人間集団」に見える。

この問題は別に記したので本稿の末尾で略説するにとどめるが、この報道形態もまた、さまざまにその悪役・正義役を交替させつつ現代に至っているところを見ると、この点でもまさに「反省力なきこと」を見せつけられている思いがする。前に記したが、これではまさに「鹿児島県人・残虐民族説」が成り立ってしまう。

結局われわれは未《いま》だに「官軍・賊軍」という概念規定から抜け出せず、それが「官軍→皇軍→解放軍」という「言いかえ」で存続し、それによって戦争への、また官軍への全日本人的心理参加を強要される状態にあり、おかしなことに、その存続を堅持することを「反省」と呼んでいるのである。それは、戦後の経済面における、前提無視の「芸による無敵」という見方を堅持することを、「反省」と言っているのに対応する状態であろう。

従ってここではまず、軍事面において、日本が、いかに西南戦争への反省がなかったかを、否むしろ、西南戦争における西郷軍的発想が逆に軍部の主流になって、それと全く同じような敗け方をしつつ、どれくらいのひどさで、最後の最後までそれに気づかなかったかを、両者を対比しつつ調べてみよう。

まず軍事力の相対的計算である。西郷側はこれが全くできず、一に精神力的優位の盲信、大西郷の声望に依存していた。「西郷ひとたび立てば……」天下は慴伏《しょうふく》するであろうと。これは、大日本帝国一たび立てば全アジアは慴伏するであろうといううぬぼれに通ずる。そして自分たちは武士であるから、官軍の百姓兵などはじめから問題外と考えていた。従って当時の鹿児島人の東京観は、太平洋戦争直前の日本軍部の米英観と非常に似ている。西郷自身そう信じており、その理由の一つとして、明治九年、前原一誠の萩の乱(二)での緒戦における官軍の敗走ぶりがあるという。

しかし彼は、その現象面にとらわれ、近代戦における火力と補給の問題を閑却していた。これは、太平洋戦争に通ずる。従って「西郷が薩地《さっち》に在るの日、常に左右に語つて曰《いわ》く、天下に兵と名づくる者は只《ただ》近衛の一隊(三)あるのみ、鎮台兵(四)の如きは鋤鍬《すきくわ》を手にする農民原《ばら》なれば、一砲の弾声に驚きて遁《に》げ去るならん」（郵便報知新聞・明治十年十月十七日）と考えていた通りのことを、昭和の日本軍も、中国軍や米英軍に対して、考えていたわけである。

　従って、まるで大本営海軍報道部長平出大佐が、日本軍は「ワシントンで観兵式、ロンドンで観艦式」を行なうといい、国民がこれに驚喜したように、当時の鹿児島では、西郷軍は即座に東京に入城できるものと思い込んでいたらしい。

「賊徒が鹿児島を出立せし節、親類近所の者共は書簡あるいは贈物等を、東京に在る親戚《しんせき》友人共《ども》に届け呉れよと頼みしに、賊徒はこれを受取りて出立せしと見へ、此節《このせつ》に至り鹿児島に在る何某《なにぼう》より東京に在る何某へ遣《つか》はしたる書状中に、先般何の誰某《だれそれ》へ書状其外《そのほか》贈物等を託したれども、彼等は東京へ達すること能《あた》はず熊本に支柱《しちゆう》せられたる由《よし》なれば、猶《な》ほ未だ届かざるべしと認めありしよし。兵を起して出張する者に、書状贈物等を託するも随分奇なる話しなれども、これを預かり来れる者は猶更《なおさら》以て笑ふべきの至りなり。蓋《けだ》し賊徒が託せられたる物品を受取り来れるを見れば、一発の銃をも放たずして、容易に東京に達するの見込なりしならんか。東京に達するどころか肥後の地方に打敗られ、折角《せつかく》親切に差立てたる書状贈物も、早く山野の間に紛失せしならん」（東京曙新聞・明治十年四月二十一日）[五]と記されているからである。

　これときわめてよく似た話は、太平洋戦争にもある。ある中尉が、久米正雄氏[六]らのいる席で、ドイツ軍のスエズ進撃[七]（これは結局、エル・アラメインでイギリス軍に撃退されたわけだが）を評して、ドイツは友邦だがわれわれはこの進撃を喜ばない。帝国陸海軍はいずれアデン[八]を抑え、スエズを抑えて地中海に進出する予定であるから、ドイツに先にスエズを取られては面白くないと言ったそうである。この中尉は本気でそう思っていたらしい。

西郷軍は、緒戦で急進撃をなしとげ、一挙に熊本まで来たわけだが、ここで攻撃が頓挫《とんざ》する。理由は、補給がつづかぬこと、攻城用重砲の欠如、および防備には意外の強さを発揮する火力への、認識不足である。いわば西郷軍のインパール乃至《ないし》はポートモレスビー（九）であろう。だがさらに、大きな問題は、太平洋戦争のときにきわめて似て、長くつづいた戊辰《ぼしん》の役のため、鹿児島県民が内心では強く平穏な生活を求めていて、心底では西郷の挙兵を支持していなかったことにある。これは、西郷の部下たちが、虚勢と実勢の違いを見抜けなかった、とでも言うべきであろうか。

太平洋戦争のときも、日華事変第三年目の昭和十四年に、すでに全国民的な厭戦《えんせん》気分があったことを、多くの人が指摘している。この「気分」は、必ずしもすぐさま反戦に通じないが、行動による積極的支持は現実には行なわず、極力それから逃げようとする結果にはなる。

このことは、田原《たばる》坂の激戦のその日に、根拠地である鹿児島の軍事基地が、ことごとく無条件降伏に等しい状態で、官軍の手に落ちたことに表われている。

「鹿児島には城下より十三里を隔つる山川といへるところより起りて、一に天保山の台場あり、二に洲崎《すさき》の台場あり、三に弁天の台場あり、四に祇園《ぎおん》の台場あり、五に東福ケ城の台場あり、六に磯の台場あり。右六砲台に装置せるは鉄製の大小砲数十門ありといふ。然るに此度《このたび》勅使一行は論なく（一〇）四艘《そう》の軍艦三艘の運送船に乗せたる歩兵一大隊警備兵五百名を上陸せしめ、勅使は直ちに島津老公に勅諭を達し、且《か》つ加治木、重富、磯の浜等の製造所の処分相済みたるは誠に意外に平穏なる次第にて……最も本国（鹿児島）にては最早《もはや》兵器もなく壮士は大抵戦場に出陣せしことなれば、左《さ》までの患へなかるべしといへども、或《あるい》は賊徒が熊本より兵を分ち来るも測られず。依て戒厳は決して怠らざる旨其筋へ報告ありし趣《おもむき》」（東京曙新聞・明治十年三月十四日）。

　さらに「同日午後十二時三十五分長崎発の電報。去る八日午後一時（黒田参議）（一）鹿児島へ着す。御委任の件々悉皆《ことごとくみな》処分せり。県下静謐〔せいひつ〕なれども人気は不宜〔よろしからず〕」、出兵総員一万五千人に相違なし。今に追々脅従する由、右一万五千も過半は脅従の由。島津父子は初発より決して関係なし、追々尽力する疑なし。又門閥（二）の面々は一人も加はりたる者もなし。何れも旧領の人民煽動《せんどう》されざる様《よう》尽力すべしと……」（朝野新聞・明治十年三月十四日（三））。

　簡単にいえば、西郷軍の「内地」へ官軍は無血進駐し、その象徴は、西郷とは一切関係なしといい、住民は多少の不満はあっても静穏だという状態である。これではもう足場を失ったも同様で、すべての補給は円滑に行かず、攻城用重砲の運搬など思いもよらない。

　一方、西郷軍のガダルカナル・田原坂を見ると、西郷軍は、官軍の「物量攻撃」の前に潰滅《かいめつ》するのである。そして西郷側は最後まで、「官軍の物量攻撃に負けた。物量さえ同じなら負けなかった」式のことを言いつつ、次々に玉砕戦術を繰りかえしていく。近代戦において「玉砕」という言葉が使われたのは、この西南戦争がはじめてであろう。そしてここにあるのが「前提が違えば、前提を絶対視した発想・計画・訓練はすべて無駄になる」ことが、どうしても認識できない太平洋戦争中の日本軍と同じ状態なのである。

田原坂の戦いは多くの新聞に講談もどきに記されているが、その中で、最も的確な報道は犬養木堂（一四）の記事であろう。彼は両者の補給力の差を的確に記している。「……前報に田原坂の樹木は一寸間毎《ご》とに銃丸を打ち込まれざるはなしと記したるが、官兵の費消する数を聞くに、田原、二俣《ふたまた》等の戦には、一日概数二十五万発（スナイドル銃（一五））に下だらず、其の尤《もっと》も多き日は三十五万発より四十万発に及び、大砲は十二門にて千発以上を打発したりと」（郵便報知新聞・明治十年四月四日）。これでは、それから七十年後の太平洋戦争末期の日本軍よりはるかに大きな「物量」をもっている。

一方西郷側は小銃はあってもすでに銃弾はなく「賊兵は弾薬に乏しきにや、田原坂の戦ひに川原の小石を以て銃丸に用ゐたるよし」（朝野新聞・明治十年四月十一日）で、さらに糧食も欠乏し「賊徒の屯集《とんしゆう》したる田原坂の胸壁中に、馬の骨を数知れぬ程積置きたるを見れば、兵糧《ひようろう》欠乏《ともしき》ゆゑ馬を屠《こ》殺《ろ》して喰《くら》ひしなるべし」（東京曙新聞・明治十年四月五日）であり、また犬養木堂は、一個中隊分と思われる二百二三十人の糧秣《りようまつ》徴発等を記した手帳を転載して、その欠乏ぶりを示している。これはまさに、小松氏が『虜人日記』に記す、末期日本軍の欠乏状態と同じである。

田原坂で敗れて以後の西郷軍の潰乱《かいらん》状態、また奇襲・斬込《きりこ》みによる自棄的反撃等もまた、すべて、太平洋戦争末期そのままである。そして、このような行動に出るからには、まことにファナスティックな超保守的・精神力日本刀万能の狂信徒の群れかと思うと、その中には村田新八（一六）のような海外留学生もいれば、戦死者の中に、英文の日記をつけていたインテリもいるのである。

ところが、そういう知識に基づく現状把握は一切できず、田原坂の一戦で、小松氏の「敗因一四、兵器の劣悪を自覚し、負け癖がついた事」という状態になると、すべてが自暴自棄的になり、ただただ集団自殺的発想になってしまう。「玉砕」という言葉が近代戦に使われたのは西南の役が最初であろうと前に記したが、それは次のような文章である。

「此《この》ごろ日向の宮崎にて戦死せし賊が死体の懐中《ふところ》に左の通りな廻文《かいぶん》(一七)が有〔り〕しよし、其《その》写〔し〕は、『諸隊順達（原書漢文を仮字《かな》に和解《やわら》ぐ）』。瓦《かわら》となッて完《まつた》からんより玉と成ッて砕けよとは、各自《おのおの》予《かね》て知る所ろ、今更又何をかいはん、当軍曩《さき》に告示《しめ》せし如く、既に金城湯池《かなしろゆいけ》(一八)を失なひ、纔《わづ》かに日《ひゆ》陬《うが》(一九)の一地に拠《よ》る而已《のみ》、然りと雖《いへ》ども未だ一人当千の勇士に乏《とも》しからず、豈《あに》汚名《おめ》々《おめ》と敵に降《くだ》り軍門に惨刑せらるるを愧《はじ》ざらんや、国に報ひ義を重んずる者、戮力《りくりよく》奮戦以《も》つて同日同刻に斃《たお》れんことを期す」（浪花《なにわ》新聞・明治十年八月二十六日）(二〇)と。

だが実際には西郷軍は士気おとろえ、続々と降伏している。幹部はもう部下が信頼できない。従って「最《も》はや賊徒の兵気は余《よ》ほど衰へたるものと見えて、此《この》ごろ降伏人の云ふ所に拠《よ》れば、近ごろは別府、逸見《へんみ》(二一)らをはじめ賊徒の重立《おも》ちたるものは皆砲塁の後ろに抜刀をして控へ、若《も》しや兵士に、卑法の者か或は敵に降らんとするものあれば、直に其《そ》の場において首刎《は》ね、以て兵気を鼓舞するくらゐの勢ひなりと云ふ」（東京日日・明治十年七月二十四日）といった状態。そしてこれが現実であったことは、八月中ごろにすでに六千名が降伏しているので、明らかである。そしてこの状態は、石田徳氏が『ルソンの霧』に記している、山岳地帯に入った日本軍の末期状態とよく似ている。

平地を全部官軍に占拠された西郷軍の、最後の、日向《ひゅうが》から鹿児島への山中彷徨《ほうこう》もまさに、比島の日本軍の山中彷徨のままであり、その間の西郷の行動は、後に神格化された大西郷と余りにも違う。そしてこの行動は当時の新聞記者にとって実に不思議に思えたのであろう。そしてその視点は、日本軍の山中彷徨を全く無駄な行動だ（それならばむしろ降伏した方がよいとして）と不思議がった米軍と非常によく似ているのである。少々長いが、次に引用しよう。

賊は……路の険易《けんい》を問はず無暗《むやみ》に四方に駆け廻《まわ》ると同様にて固《もと》より確乎《かくこ》たる部署もなく亦《ま》た一定の戦略もなく、臨機応変に東西に奔走《ほんそう》して、所謂《いわゆ》る僥倖《ぎょうこう》を万一に期望するの徒たるに過ぎざるが故に、前にあるかとすれば忽然《こつぜん》として後《しり》へにあり、賊兵の拠地と通路の如きは未だ今日に確言《かくげん》すること能《あた》はず。(中略)

然《しか》りと雖《いえ》ども、顧《おも》ふに賊兵は突出の際必ず十分の糧食を輸送することを得ず、而《しか》して現に跋《ばっ》渉《しょう》する所は概《おおむ》ねこれ高山峻岳《しゅんがく》の間にして、人家は処々に数十戸ある位の陬地《すうち》なれば、また民物《みんぶつ》を掠奪《りゃくだつ》して以て兵糧《ひょうろう》に充《あて》ること能はず、故に若《も》し今より両三日間も如是《にょぜ》の山中に奔走せしめば、三百余名の賊兵は如何に慓悍《ひょうかん》(一二二)なりと雖《いえ》ども、必ず第一には其《その》糧食に窮し、第二には其《その》弾薬に乏《とぼし》く到《とう》底《てい》戦はずして自ら斃《たお》れ、首を我が軍門に授《さずけ》(一二三)るは蓋《けだ》し遠きに非《あら》ざるべし。(中略)

夫《そ》の決死の賊兵三百余名が、江ノ滝山を攀《よじのぼっ》て突出せしより、官軍は漸《ようや》く進《すすん》で前日の賊地なる長井村「ヲヽカイ」村より其《その》辺の山間を捜索したるに、居残りたる賊兵凡《およ》そ四千人ばかりは、比々《ひひ》白旗を建てヽ官軍に降伏し、また一人の敢《あえ》て王師(一二四)に抗するものなかりき。是《こ》の如きが故に賊兵の降伏は昨今最も夥《おびただし》く、曩《さき》に豊後《ぶんご》口の官軍に降りしものを合算すれば、無慮《むりよ》六千余名に達したりと云ふ。此等の降参人は差し当り近辺の海島に送られたり。是れは守護の手数を省く為めならん。

突出せし三百余賊は概《おおむ》ね鹿児島城下の人にて、西郷桐野を始め生《いき》残りたる賊将等は尽《ことごと》く其中《そのなか》にありと云ふ。蓋《けだ》し西郷は固《もと》より日本帝国の乱臣賊子たるを免れずと雖《いえ》ども、亦《ま》た決して尋常平凡の人にあらず。西郷其人《そのひと》にして、身は親《したし》く戦地にありて親《したし》く戦状を目撃し、凡《およ》そ軍事の議、一も参与せざるは無かるべし。果して然《しか》らば熊本城連絡（二五）以来、日に官軍に駆逐せられて漸く其《その》拠地を短縮し、全局の勝敗已《す》でに定《さだまり》て、到底薩士《さつし》が戦に勝つ事能《あた》はざるは、万も西郷が弁知せる所ならずや。然るに因循姑息して此の覩易《みやす》（二六）きの大義に帰順する事を知らず。蒼生《そうせい》（二七）を暴虐して以て日を渉《わた》ること玆《ここ》に数月、曩《さき》に都ノ城已に破るゝも、猶《な》ほ自ら悟らず、高岡、宮崎既に官軍の有となるも猶ほ自ら改めず、延岡も亦抜けて殆《ほとん》ど身を容るゝに処なきに迫るも、猶ほ自ら其身《そのみ》を全うせんことを是れ謀《はか》り、僥倖《ぎようこう》を万一に期望して、親《したし》く三百余兵を率《ひきい》て突出の窮策を今日に施したり。其の挙動の拙劣鄙怯《ひきよう》なる何ぞ一に玆《ここ》に至るや、是《こ》れ無恥《むち》の最も甚《はなはだ》しきものなり。嗚呼《ああ》西郷の心頭は実に乱れたりと云ふべし。（後略）（東京日日新聞・明治十年九月五日）

面白いことに、これと非常によく似た批評を、米軍は山下大将に下しているのである。ルソンの日本軍は殆ど餓死であり、しかも米軍は六月二十八日に、比島戦の打切りを宣言している。あとは、なすすべもない日本軍の残存部隊は、ただ、現地住民を苦しめつつ自らも餓死していくわけである。

一体全体、なぜそれを放置しておきながら、一方において、全く効果のない出撃すなわち斬込みだけを反復していたのか——この表現を借りれば「嗚呼、山下の心頭は実に乱れたり」というところであろう。しかし、おそらく両者とも、いわゆる〝神風〟すなわちどこかで「僥倖を万一に期望し」て「その挙動の拙劣鄙怯」なる結果になったのだと思う。

　そしてその斬込み隊のさまも、まことに比島のことが書かれているのではないかと思われるほど似ている。

　薩賊の突然として鹿児島へ襲来せしは、元より目的を達せしなど云ふべきにあらず。所謂《いわゆ》る病犬の狂ひ廻《まわ》ると一般にて先を何処《どこ》とも定めず行当りバッタリと云ふ姿なり。故に一時随属せし降賊が説く所に拠れば、途中の形勢は従前とは更にこと替りて隊伍《たいご》も整〔の〕はず、只顧《ひたすら》息をはかりに走り続けて後《おく》るれども顧みず、負傷者を見むきもせず、我れがちに進みて二三隊づゝ離れ〳〵にて走りたりとぞ、思ふに官軍の透《す》きある方へ〳〵と心ざし、思ひかけず鹿児島へ飛び出せし景況(二八)ありと。実に左《さ》もあらんか。(東京日日新聞・明治十年九月十二日)

　さらに最後の鹿児島への奇襲、薩軍大勝利の布告、半ば狂人のようにあれまわる娘子《じょうし》軍(二九)、城山《しろやま》の最後、その最後における村田新八の味方の斬殺《ざんさつ》等々、その有様はあまりに、それから七十年後の日本軍の最期に似すぎている。そしてさらにわからないのが、この西南戦争の原因である。それは、太平洋戦争の発端となった日華事変のように、原因不明、戦争目的不明、作戦計画不明、といわねばならない。後代があげる西南戦争のさまざまの原因を、当時の当局者はすべて、理由にならないと記している。次にその二例を紹介しよう。一つは山県有朋《ありとも》(三〇)の西郷への手紙の一部である（徳富猪《い》一郎《いちろう》編述『公爵山県有朋伝』中巻）。

……説者曰ク、天下不良ノ徒ハ密《ひそか》ニ西郷ガ山林ニ韜晦《とうかい》(三一)セシヲ奇貨(三二)トシ、功名ヲ万一ニ僥倖スルノ念ヲ懐《いだ》キ、其《その》時勢ニ阻隔(三三)スルノ機ニ乗ジ、百方其《その》辞ヲ巧《たくみ》ニシテ(三四)朝廷ノ政務ヲ讒誣《ざんぷ》(三五)シ、人心離散シテ黎民《れいみん》(三六)其生ヲ聊《たのしま》(三七)セザルガ如キ妄説ヲ虚構シ、西郷出《いで》ズンバ蒼生ヲ奈何《いかん》セン、西郷ニシテ義兵ヲ鹿児島ニ挙ゲ、人民ノ塗炭ニ座スルヲ救(三八)ハント欲セバ、天下皆靡然《びぜん》(三九)之ニ応ズベシト慫慂《しょうよう》(四〇)セシモノ蓋《けだし》一《いつ》ニシテ足ラザル也。西郷ノ卓識ヲ以テ其《その》虚構タリ讒誣《ざんぷ》タルヲ洞察スルニ難《むずかし》カラズト云ヘドモ、奈何《いかん》センヤ浸潤(四一)ノ致ス所ハ衆口(四二)以《もっ》テ金ヲ鑠《とろか》シ、遂《つい》ニ西郷ヲシテ今日アルニ至ラシメタリト。聴者、皆之ヲ然トス。而シテ有朋独リ之ヲ然リトセズ。蓋《けだ》シ君ニシテ此志アラバ単騎ニシテ輦下《れんか》(四三)ニ来《きた》リ、従容《しょうよう》(四四)利害ノ在ル所ヲ上言スルニ何ノ妨《さまたげ》アランヤ。君モ亦《また》固《もと》ヨリ之《これ》ヲ知ラザルニ非《あら》ザルベシ……。

だれ一人として、西郷を排除しようとした者はいない。上京すればそれで事たりる。それは西郷自身知っているはずである。政府が悪いというなら、なぜ、上京してそれを天皇に言おうとしないのか。それをしないで、いきなり兵をあげるのは、全く独善であり、無意味であり、しかもそのために同胞が殺し合う。一体、なぜそういうことをするのか。

結局その謎はとけない。同じことを記しているものに、もう一つ、『輿論《よろん》新誌(四五)』の論説がある。

嗚呼《ああ》隆盛逝矣《ゆくかな》、汝始メ数万ノ壮士ヲ引卒シ以《もっ》テ麑城《かごしまじょう》ヲ出ルノ日ニ当ッテハ、其《その》勢頗《すこぶ》ル猖《しょう》猘《けつ》(四六)ニシテ已《すで》ニ植木、田原《たばる》ノ戦争ニ於ル、殆ド猛虎ノ群羊ヲ逐《お》ヒ烈風ノ枯葉ヲ掃《はら》フガ如クナリシモ、熊本ノ敗走〔、〕人吉ノ落城以来ハ日州(四七)ノ一隅(四八)ニ窘蹙《きんしゆく》(四九)シ、刀折レ糧《かて》尽キ全軍将《まさ》ニ覆滅ニ垂《なんな》(五〇)ントス。幸ニ重囲ヲ突出シテ再ビ麑《かごしま》城ニ襲来スルヤ乃《すなわ》チ迅雷(五一)耳ヲ掩《おお》フニ及バズ疾電(五二)目ヲ瞑《めい》(五三)スルニ遑《いとま》アラズ、一時天下ノ人庶《じんしょ》(五四)ヲ驚愕《きょうがく》セシムルモ、一片ノ爝火《しゃっか》(五五)ハ素《もと》ヨリ太陽ニ敵スルヲ得ズ、終《つい》ニ今日ノ敗衂《はいじく》(五六)トナル。汝挙兵ノ日ヨリ指ヲ屈スレバ殆ド七閲月《えつげつ》(五七)、之《これ》ガ為《た》メニ社会ノ安寧ヲ妨ゲ人民ノ惨憺《さんたん》ヲ極《きわ》ムルハ天下挙《み》ナ知ル所ナリ。嗚呼《ああ》汝何ノ不懣《ふまん》アッテ業爰《ここ》ニ至ルヤ。肥甘(五八)ノ口ニ足ラザル(五九)ガ為《た》メカ、軽煖《けいだん》(六〇)ノ体ニ足ラザル(六一)ガ為《た》メカ、抑《そもそ》モ亦《また》(六二)政令ノ意ニ適セザルガ為メカ、要路(六三)大臣汝ノ心ニ応ゼザルガ為メカ、然《しか》レドモ賞典二千石ヲ辱フス、(六四)乃チ口滋味ニ飽ク可ク身錦繍ヲ纏フ可キ也。(六五)位《くらい》ハ三位大将ヲ叨《みだ》リニス(六六)。乃《すなわ》チ其《その》政令ノ不当ナル直諫ス可ク、(六七)大臣ノ不正ナル直奏ス可キ也。(六八)天恩隆渥(六九)汝ヲ拝シテ諸功臣ノ上席ニ列セシム、亦《ま》タ何ノ足ラザル処ガ有ル。(中略)

今夫《そ》レ上ハ宸襟《しんきん》(七〇)ヲ悩シ奉《たてまつ》リ、廟堂《びょうどう》(七一)諸臣ノ心ヲ痛メ、海陸将校ノ力ヲ労シ、数万ノ性命ヲ牲《いけにえ》ニシ、巨万ノ金穀(七二)ヲ費耗《ひこう》(七三)シ、家ヲ焼キ財ヲ毀《こぼ》チ、流離顚沛《りゅうりてんぱい》(七四)処スルニ地ナク、鶏犬草木《そうもく》(七五)ダモ尚且《なおか》ツ寧所《ねいしょ》(七六)スルニ遑《いとま》アラザルノ惨毒を極《きわ》メシムルモノハ将《ま》タ誰ノ過《あやま》チゾヤ。汝ノ一身ハ天人(七七)共ニ容《い》レザル処ニシテ、其覆轍《ふくてつ》(七八)ハ以テ、衆庶ヲ鑑戒セシムル(七九)ニ足リ、其《その》悪ハ憎ム可ク其《その》罪ハ誅《ちゆう》(八〇)ス可キ也。(中略)

維新復古ノ元勲ト称セラルヽモ今日ハ賊魁《ぞくかい》(八一)トナツテ屍《しかばね》ヲ原野ニ曝《さ》ラシ、満天下ノ人ヲシテ癲狂《てんきょう》(八二)視セラルヽニ至ル。其方向ノ矛盾ナル何ゾ欺《か》クノ如キノ甚ダシキヤ。(八三)(後略)

これに似た批評は当時には実に多い。一言でいえば西郷のような、世の中のことがよくわかっているはずの偉大な人物が、しかも維新を自らなしとげたはずの人物が、一体全体、なぜこのような奇妙なことをし、しかも、最後に至るまでなぜあのようにわけのわからない行動をしたのか、だれにも理解できないということなのである。そしてそれは、太平洋戦争の後で、一体全体何でこんなばかげた戦争をしたのか、だれにもわからなくなったのと、非常によく似ているのである。そして、西南戦争というものへの徹底的な解明を基にした、自己の民族性についての、きびしい反省があったなら、おそらく、太平洋戦争の愚は避け得たであろう――「それでは、西南戦争の西郷と同じことになってしまう」という言葉で。

では、戦争中に西南戦争への、また、戦後に西南戦争から太平洋戦争を通じての、きびしい反省といったものがあったであろうか？　両者ともない。

まず前者についてのべれば、西南戦争における西郷軍の娘子軍《じょうし》と太平洋戦争中の女子竹槍《たけやり》部隊の対比があげられよう。当時の官軍側の記者は、この、なぎなたで武装した娘子軍に非常に批判的である。とはいえ当時は、まだ刀槍が相当な威力をもちえた時代である。一体、西郷軍がこの娘子軍をどう評価していたかわからないが、少なくともこれを「おんなさえ武器をとっている」という形で、自軍への脅従と士気低下の防止にはつかったであろう。

ところが、実際には戦力にならぬものを、上記のような形で使うこと自体が、自信喪失の証拠にすぎない。だが、明治の新聞記者の見方、及び上記の視点すら、太平洋戦争中の新聞記者はもっていないのである。

〈武装せよ銃後女性（八四）＝竹槍部隊〉一億はすべて武装せよ、今日の決戦は要求する、前線の将兵にのみに戦ひをまかせて安閑としてゐる時ではない。銃後も武装せよ、一億国民は一人残らず「撃ちてし止まむ」突撃に参加しなければならぬ。子等も起《た》て、女も武装せよ、父を、夫を戦場へ、職場へ送つた後、家庭は、郷土は、婦女の手によつて護《まも》られる。昨年の夏、村で体育錬成の運動会が催された時、

千葉県夷隅《いすみ》郡中根村、五百名のお婆ちやんや、お母さん達が、竹槍を握つて、体操をして見せた。やんやの喝采《かつさい》であつた。それがきつかけとなつて、銃後の固めはこれで行きませうとなつた。どの女達も率先して猛練習を開始した。村長さんが慌《あわ》てた、郷軍分会長（八五）が眼をまはした。あちらの字《あざ》から、こちらの里《さと》から、指導員の分会はひつぱりだこになつた。体操では物足りぬ、竹槍をふるつての銃剣術である。

昨年の暮には女子竹槍部隊が立派に結成された。女子青年学校（八六）の生徒が「えいつ」と叫べば七十のお婆さんも、炬燵《こたつ》から飛び出して「やあつ」と応じる。モンペに鉢巻《はちまき》、きりつと襷《たすき》をかけたのが、この部隊の制服、武装の竹槍は、いづれも背戸（八七）の山から伐《き》り出したお手製である。集合、行進、散開、突撃、すべてが実戦場を経《へ》た帰還勇士によつて、軍隊式にたたき込まれる。

をなご共があんまり熱心ぢや、ついつり込まれて男達も働くわ、働くわ、近ごろでは田畑の増産目標もぐんぐん上つとります。喧嘩《けんか》も酒飲みも一ぺんに消えてしまひよつた、と村長さんは髯《ひげ》をしごきながら、をなご連の突撃に眼を細くするのである。（東京朝日新聞・昭和十八年三月七

日）

西郷側が新聞を出していたら、おそらくこういう記事になっていたであろう。だが戦争への見方、それに伴う報道の仕方は、最初にのべた通り、まさに「反省力なきこと」の典型なのである。戦争中の、「鬼畜米英」、戦後の「鬼畜日本軍」の祖形ともいうべき西郷軍残虐物語の創作記事（八八）は、実に、読むのが気恥しいほど出ている。そして、これによる視点の喪失、ブーム化に基づく妄動こそ、西郷側にも官軍側にもあった、日本的欠陥の最たるものであった。そして、それへの反省は未だになされていないのである。

　では一体「反省」とは何なのか。反省しておりますとは、何やら儀式をすることではあるまい。それは、過去の事実をそのままに現在の人間に見せることであり、それで十分のはずである。西南戦争の記事をそのままに見、戦争中の記事をそのままに読む。そしてそれが、その時点で見たこと聞いたことをそのまま記した小松氏の態度だったわけである。

注一　日本赤十字社の前身。元老院議長などを務めた、つまり政府側の要人たる佐野常民《さのつねたみ》が、西南戦争での両軍の死傷者を救護しようと、明治一〇年五月に創設した。

注二　明治九年に山口県の萩で、不平武士の前原一誠《いっせい》らが起こした反乱。官軍に鎮圧される。

注三　近衛第一・第二聯隊《れんたい》のこと。近衛師団の前身。皇居守衛が本来の任務だが、いわば〝最強エリート聯隊〟として、このとき以外も（日清戦争などでも）戦地に赴いていた次第。

注四　「鎮台《ちんだい》」とは、後の「師団司令部」。当時、熊本にも鎮台があり（熊本鎮台）、その兵士のこと。

注五　民権派の政論新聞。『郵便報知新聞』(後に『読売新聞』と合併)ほどの大手紙ではないが、政治に関心を持つ層への影響力には、大きなものがあった。

注六　芥川龍之介らと共に『新思潮』誌の同人だった小説家。『破船』など作品多数。

注七　スエズはエジプト北端(カイロの東方)の地で、運河があることで有名。昭和一七(一九四二)年六月に、ドイツ軍はここに進撃。

注八　サウジアラビアの西南端の地。

注九　東部ニューギニア南岸の要地。連合艦隊司令部はミッドウェー作戦の一環として、ここを攻略しようとしたが(MO《エムオー》作戦と言う)、史上初の空母対空母の戦い(珊瑚《さんご》海《かい》海戦。昭和一七年五月八日)となり、所期の戦果を得られず、MO作戦は無期延期に追い込まれた次第。

注一〇　薩摩藩最後の藩主・島津忠義《ただよし》の父で、「国父《こくふ》」と藩民に呼ばれていた島津久光《ひさみつ》。

注一一　黒田清隆《きよたか》。陸軍中将・北海道開拓長官の要職に就いていたが、官軍がてこずっているのを見て、「後ろから衝《つ》くべき」旨を献策し、賊徒《ぞくと》(薩軍)征討軍(すなわち官軍)の参軍の一人に任ぜられた。

注一二　格式の高い家《いえ》(柄《がら》)。

注一三　民権派の新聞。犬養毅《いぬかいつよし》や尾崎行雄《ゆきお》(護憲運動で有名な政治家)らが論陣を張っていたが、彼らが手を引いたころから衰退し、後に廃刊。傍点は著者。

注一四　「憲政擁護の神」と称《たた》えられ、後に首相も務めた犬養毅《いぬかいつよし》の号。このときは二三歳の学生(慶大)だったが、現地に飛び、「戦地直報」を送り続けた。

注一五　アメリカ人スナイダーが開発したライフル銃。着剣したままの弾込《たまこ》めが容易だったので、官軍側が主に使用(薩軍側は多種)。もちろん輸入品。

注一六　幼いときから隆盛を、兄のように慕いながら育った(取っ組み合い等の、兄弟ゲンカ風記録もある)英才。留学というより、明治四年一一月一二日から二年間近く欧米を視察し続けた遣外《けんがい》使節団(岩倉具視《ともみ》を団長とし、大久保利通《としみち》や伊藤博文《ひろぶみ》ら要人ばかりの大使節団)の一員として、見聞を広めた。

注一七　複数の人に順に回し、読ませるようにした文書。
注一八　〝きんじょうとうち〟と読むケースが多いが、この新聞記事には、〝かなしろゆいけ〟とルビが振られてある。〝金《きん》で造った城と、熱湯を入れた堀〟のことであり、つまり〝攻め落としにくい城〟の意。
注一九　〝ひゅうが〟と読み、日向（今の宮崎県）のこと。
注二〇　明治時代前期に、大阪で発行されていた、タブロイド判（普通の新聞紙の半分の大きさ）の新聞。
注二一　別府《べっぷ》晋介《しんすけ》と逸見《へんみ》十郎太《じゅうろうた》。いずれも薩軍の幹部。
注二二　動作が素早《すばや》く、性質は荒々しく強いこと。
注二三　「我が軍門」は〝官軍の軍門・陣営〟であり、それに首を授けるというのだから、賊兵（すなわち、薩軍）は降参してくる・身を投げ出すことになってしまう、という意味。
注二四　帝王の軍隊。つまり、朝廷方・正統政府側の軍隊。官軍。
注二五　薩軍に包囲されたため、官軍は五二日間、熊本城に立てこもり続けた。そうして、明治一〇年四月一四日に、衝背軍《しょうはいぐん》が城下に進出してきたため、挟《はさ》まれたかたちの薩軍は、あわてて包囲を解き、西方の木山《きやま》方面へ撤退した。すなわち、籠城していた官軍と衝背軍は、つながったわけである。この〝つながった〟ことを、「連絡した」と言う。
注二六　当然至極《しごく》の。
注二七　庶民、人民。
注二八　様子。
注二九　〝女性兵〟のこと。
注三〇　山県有朋《ありとも》とは、当時、陸軍中将で（〝賊徒〟にされるまでの西郷隆盛が大将）、征討軍の参軍でもあった実力者。西南戦争後、特に伊藤博文の死後は、権勢をほしいままにした〝日本の最高権力者〟。
注三一　姿をくらますこと。
注三二　チャンスとして。

注三三　（西郷隆盛が）時勢に疎《うと》くなっていること。

注三四　言葉を、あらゆる方法で巧《たく》みにして。

注三五　事実でないことを言い立て、誹《そし》ること。

注三六　庶民、人民。

注三七　楽しませない。「聊《りょう》」は「楽」と、ほぼ同じ意味。ただ〝安心して〟のニュアンスが少し加わる。

注三八　泥にまみれ火に焼かれるような苦しい場に坐っていること。つまり、地獄のような苦況に置かれていること。

注三九　「靡然《びぜん》」は〝なびいて、雰囲気にノセられて〟の意。そこで、「天下皆《みな》靡然之《これ》ニ応ズベシ」とは、〝みんななびいて、西郷の挙兵に呼応すべき〟との扇動。

注四〇　勧めること。そそのかすこと。すなわち、〝「天下不良ノ徒」がそそのかしていることは、考えてみるに、極端に〔一《いつ》ニシテ〕値打ちのないことだ〔足ラザル也《なり》〕〟と、書いているわけである。

注四一　虚構やスジちがいの中傷が、人の心や頭に、いつのまにか染み込んでいくこと。

注四二　世論。以下の「金《きん》ヲ鑠《とろか》シ云々」は、史書『国語（いわゆる春秋外伝）』に登場の有名句。

注四三　〝天子の、おひざもと〟の意。

注四四　〝落ち着いて〟の意。そこで、以下〝落ち着いて道理（「利害」は〝損得〟でなく〝道理〟の意）のあることを天子に話せばよい〟意となる。

注四五　明治一〇年九月に正正社《せいせいい》（明十社《めいじゆう》の分社）から創刊された正論誌。以下の引用は、その第二号（同年一〇月一日刊）に、「吊西郷隆盛戦死文（西郷隆盛の戦死を弔《とむら》うの文。吊は弔の俗字）」と題して、巻頭に掲げられたもの。なお同誌は週に二回出したり、月に二回だったりの不定期刊誌。

注四六　猛々《たけだけ》しく、荒々しいこと。

注四七　日向《ひゅうが》の国、現在の宮崎県あたり。

注四八　かたすみ。

注四九　〝苦しみ、ちぢこまって〟の意。
注五〇　その状態になろうとしていること。
注五一　〝急に激しく鳴り始めた雷には、耳をふさぐヒマもない〟とは、〝事態の急変には、対処する時間などない〟こと。
注五二　同様に、〝激しいいなびかり（いなずま）には、目を閉じるヒマもない〟も、〝事態の急激なる変動には、対応する余裕などない〟こと。
注五三　目を閉じること。
注五四　多くの人々。
注五五　かがり火《び》。
注五六　敗北。
注五七　「閲月《えつげつ》」は、〝月が経過すること〟。そこで〝七ヶ月たった〟の意。
注五八　ごちそう。
注五九　つまり、〝ごちそうが口《くち》に足りないためか?!〟との糾弾。
注六〇　軽やかで暖かい衣服。上等な衣服。
注六一　すなわち、〝高級な衣服が不足しているためか?!〟との糾弾。
注六二　政治上の命令や法令。
注六三　〝重要な地位・立場にいる〟の意。
注六四　〝賞与（すなわち給料）を、二千石《ごく》も頂いている（かたじけのうす〔辱《かたじけな》フス〕）身なのに〟の意。
注六五　〝乃《すなわ》ち、口《くち》はおいしい味《あじ》に飽きるほどであるはず、身は高級衣装（錦繡《きんしゅう》）をまとっているはず〟ということ。
注六六　〝地位は、正三位《じょうさんみ》（公家《くげ》などが就《つ》いている左大臣らが正二位なので、公家以外の出身としては最高位に近い）の『参議で陸軍大将』という過ぎた立場に恵まれているのに〟の意。「叨《みだ》リニス」は、〝かたじけなくする、過分の恩恵にあずかる〟ということ。

注六七　〝その政令（注六二を参照）が不当であることを、直諫《ちょっかん》（率直に天子に、諫《いさ》めの言葉を申すこと）すればよいのに（そういうことが出来る立場なのだから）〟の意。

注六八　〝大臣（今の大臣とは異なり、太政《だじょう》大臣や左大臣・右大臣のこと）が不正を働いていたなら、直奏《ちょくそう》すれば（直接、天子に奏上すれば（申し上げれば））よいのに〟の意。

注六九　「天恩隆渥《てんおんりゅうあく》」とは、〝天子の恩情が、隆《あつ》い（厚い）上《うえ》にも渥《あつ》い〟こと。そこで〝たいそう厚い君恩により、お前に官爵を授け、功績ある他の諸臣より上の地位の者とした〟という意味になる。

注七〇　天子の御心《みこころ》。

注七一　朝廷のこと。

注七二　金銭や穀物のこと。

注七三　使い減らす。

注七四　〝さまよい（流離《りゅうり》）倒れてしまう（顛沛《てんぱい》）こと〟。以下の「処スルニ地《ち》ナク」は〝住む（処する）ところ（地）もない〟の意。戦災による難民の様子を述べているわけである。

注七五　「ダモ」は、〝…でさえ〟の意。

注七六　安心する、落ち着く。次の「遑《いとま》」は〝暇《ひま》、余裕〟の意。

注七七　〝てんじん〟と読み、〝天も人も〟、つまり〝天の神も地上の人間も、共に許容しない〟意。

注七八　〝先人の失敗、過《あやま》ち（罪）〟のことだから、ここでは〝西郷の過ち・失敗〟という意味。

注七九　「衆庶」は〝多くの人々〟。下の「鑑戒《かんかい》セシムル」は、〝もう二度と、こういう事態を起こしてはならない、と戒めさせる〟意。

注八〇　罰すること（極刑に処すぐらいの重さで）。

注八一　賊の親分。

注八二　〝精神が失調した者〟視する、ということ。

注八三　注四五で記したように、以上は「吊西郷隆盛戦死文」からの引用だが、著者は二行目の「已《すで》ニ」らのように、原文自体の誤植は改訂して、読者に供している（原文では「已《み》ニ」）。また、原文にはない句読点を付け、若い読者のために便宜を図っている。傍点も当然、著者が打ったもの。
ただ、一部に著者のカンちがいが見られ、順序が混乱している点には注意したい。
すなわち、後半の半ばごろ「何ノ足ラザル処《ところ》ガ有ル」で中略となり、「今夫《いまぞ》レ」で始まる文章につなげ、その一節の再度の中略のあと、「維新復古云々」の文章になっているが、原文は、最初の中略のあと「維新復古云々」となり、二度目の中略後に「今夫レ」の文章が来るからである。

注八四　直接の戦闘には加わらない一般国民。

注八五　現役ではない軍人（予備役《えき》など、いくつかの種類がある）の組織を在郷《ざいごう》軍人会と言い、支部は各地の連隊区司令部に、その下部の分会は各町村に、それぞれ置かれていた。ゆえに、これは中根村での分会長のこと。

注八六　昭和一〇年に設立された、小学校卒業後の、三年制の定時制中等教育機関。男子青年学校は義務制だったが（それも五年制）、女子のこれは義務制ではなかった。

注八七　〃裏側にある、裏口の〃の意。

注八八　無数にあるが、著者は『空気の研究』（四）で九月二十五日付『郵便報知新聞』の記事を例示している。「〔賊兵は〕某神社の境内《けいだい》に〔とらえた七、八人の官兵を〕率《ひ》き行き、大樹の下に繋《つな》ぎしが、……『頭《くび》を刎《は》ね、腹を割《さ》き、生肝《いきぎも》を撮《つま》み出しても興《きょう》なし。何《な》にか面白き趣向は』と耳に口寄《くちよ》せ、私語《ささや》き、社前に在《あ》る銅華《どうか》表《ひょう》〔銅製の鳥居《とりい》〕を中頃より二《ふ》タツに切り、そが〔その〕中に山の如く炭火《すみび》を燃《た》き、真赤《まっか》になりし時、天に叫び地に哭《こく》する〔大声で泣く〕生虜《いけどり》を一人〳〵に駈《か》り立て、左右より手取り足取り此火柱《このひばしら》を抱かせ、炙《あぶ》り殺したる云々」（句読点と二重カギカッコ〔『』〕を追加。…は中略部分）
まさに〃鬼畜薩軍〃報道だが、「創作」との批判を避けるため、「戦地より帰りし者が其惨虐《そのさんぎゃく》を見たりとて語りしを、又伝《またづて》に聞《きき》たるには」と、予防線を張っている。

「最も的確な報道」をしていそうな犬養毅（注一四を参照）とて同類で、「戦地直報」（同注を参照）第二回には、「〔田原坂《たばる》の戦いの〕時《とき》、故《もと》会津藩士某、身を挺《てい》して奮闘し、直《ただち》に賊十三人を斬る。其《その》闘ふ時《とき》、大声〔で〕呼《よばわ》って曰《いわ》く、戊辰《ぼしん》の復讐《ふくしゅう》、戊辰の復讐と」などと報じているが、後藤正義氏は研究書『西南戦争警視隊戦記』（昭和六二年一〇月、サンケイ新聞データシステム刊）で言う。

「諸書にはこれが事実のように取上げられているが…中略…『征西戦記稿』には、これを裏づけるような記述は全く見られない。

犬養毅の自伝によると…中略…植木口戦線に入れたのは田原坂陥落後の同月二十一日である。従って、この報道は、実地に目撃したものではない。伝聞だとしても、一回の戦闘で十三人も斬っていれば（そんなに斬れるものではないと思う〔氏は、剣に詳しい元警視庁・第二機動捜査隊長。同書執筆時には、日本火災海上の顧問〕が）、その姓名は全軍に知れわたるか、少なくとも新聞記者と接触する立場の将校には知られる筈《はず》で、『元会津藩士某』のままで取材されることはなかったであろう」（句読点追加や二重カギカッコ付加は、前例同様）

犬養は現場にいなかったし、百人斬りどころか一三人斬りもムリな筈、というのである。

第九章　生物としての人間

敗因二一　指導者に生物学的常識がなかった事
敗因一九　日本は人命を粗末にし、米国は大切にした

生物学

生物学を知らぬ人間程《ほど》みじめなものはない。軍閥は生物学を知らない為、国民に無理を強《し》い東洋の諸民族から締め出しを食ってしまったのだ。人間は生物である以上、どうしてもその制約を受け、人間だけが独立して特別な事をすることは出来ないのだ。

日本人は命を粗末にする（一部）

日本は余り人命を粗末にするので、終《しま》いには上の命令を聞いたら命はないと兵隊が気付いてしまった。生物本能を無視したやり方は永続するものでない。

特攻隊員の中には早く乗機が空襲で破壊されればよいと、密かに願う者も多かった。

以上の二つの小松氏の言葉は、氏の『虜人日記』の「見方・考え方」の基調であり、ある意味では原点であろう。本書はさまざまな面から評価できる本であろうが、小松氏自身が言われているように、本書のある一面は、すでに他の人びとも指摘していることかもしれない。しかし、一見同じ指摘に見えて、それが、基本的には何か違うといった印象を人びとに与える大きな理由の一つは、氏が、農芸化学、すなわち醱酵《はっこう》という一種の「生命現象」を扱う専門家であったという点、一言でいえば「生物学者の戦場体験の記録」という点にあるであろう。

最初に記したように、私が、本書を読んで「三十年ぶりに本ものの記録にめぐりあった」と感じた一番大きな点は、氏が人間を「生物」と捉《とら》えている点である。といっても、これだけでは読者には意味がわかるまいから、例をあげて説明しよう。

たとえば氏の記述にも、戦場のジャングルの実に残酷な記述は出てくる。それは、そういう事実があったのだから当然だが、その記述にも、読者はいわゆる「残虐人間・日本軍」の記述とは何か違う点を発見するはずである。どこが違うか。

いわゆる「残虐人間・日本軍」の記述は、「いまの状態」すなわちこの高度成長の余慶で暖衣飽食の状態にある自分というものを固定化し、その自分がジャングルや戦場でも全く同じ自分であるという虚構の妄想をもち、それが一種の妄想にすぎないと自覚する能力を喪失するほど、どっぷりとそれにつかって、見下すような傲慢《ごうまん》な態度で、最も悲惨な状態に陥った人間のことを記しているからである。

それはそういう人間が、自分がその状態に陥ったらどうなるか、そのときの自分の心理状態は一体どういうものか、といった内省をする能力すらもっていないことを、自ら証明しているにすぎない。これは「反省力なき事」の証拠の一つであり、これがまた日本軍のもっていた致命的な欠陥であった。従って氏が生きておられたら、そういう記者に対しても「生物学的常識の欠如」を指摘されるであろう。

氏は、ある状態に陥った人間は、その考え方も生き方も行動の仕方も全く違ってしまうこと、そしてそれは人間が生物である限り当然なことであり、従って「人道的」といえることがあるなら、それは、人間をそういう状態に陥れないことであっても、そういう状態に陥った人間を非難罵倒《ばとう》することではない、ということを自明とされていたからである。

氏は、戦乱飢餓に苦しみつづけた中国人が、なぜ人間性悪説を考えたかを、次のように記している。

人間性悪説

平地で生活していた頃は、人間性悪説等を聞いてもアマノジャク式の説と思っていた。ところが山の生活で各人が生きる為には性格も一変して他人の事等一切かまわず、戦友も殺しその肉まで食べるという様なところまで見せつけられた。そして殺人、強盗等あらゆる非人間的な行為を平気でやる様になり良心の苛責《かしやく》さえないようになった。こんな現実を見るにつけ聞くにつけ、人間必ずしも性善にあらずという感を深めた。戦争も勝ち戦《いくさ》や、短期戦なら訓練された精兵が戦うので人間の弱点を余り暴露せずに済んだが、負け戦となり困難な生活が続けばどうしても人間本来の性格を出すようになるものか。支那の如く戦乱飢餓等に常に悩まされている国こそ性悪説が生れたのだという事が理解できる。

氏は、昨日まで立派な紳士と見えたものが、「山の生活」という極限状態で、どう変ってしまうかを見た。それは言いかえれば、いま日本軍を批判していた者が、赤軍派の「虐殺の森」のような、日本軍以上の残虐さを現出するのを見るのと同じことである。人はなぜそうなるのか。

人間とは生物である。そしてあらゆる生物は自己の生存のために、それぞれが置かれた環境において、その生存をかけて力いっぱい活動して生きている。人間とてその例外でありえない。平和は、自分たち人間だけは例外であるかのような錯覚を抱かす。しかしそれは錯覚にすぎない。もちろんその錯覚を支えるため、あらゆる虚構の〝理論〟が組み立てられ、人びとはその空中楼閣を事実だと信じている。しかしその虚構は、「飢餓」という、人間が生物にすぎないことを意識させる一撃で、一瞬のうちに消えてしまう。

社会主義とか資本主義とか、体制とか反体制とか、さまざまな理論とか主張とか——しかし、人びとは忘れている、人間という生物の社会機構の基本とは、実は、食物を各人に配給する機構だという事実を。

もちろんこの配給の形態は種々さまざまである。貨幣・配給切符・直接給食等々……。しかし、つまるところは、人の口に食物をとどけることが、社会機構の基本であって、これが逆転して機構のため食物が途絶すれば、その機構は一瞬で崩壊する——資本主義体制であれ、社会主義体制であれ、また日本軍の〝鉄の軍紀〟であれ……。それはそのはず、人間が生物である以上、食料を配給しない機構に属することはできず、そのためそれを避けて人が餓死を免れようと動き出した途端、その機構が崩れるのは当然のことである。

しかし人は、空気の存在を当然としてこれを忘れているように、社会機構のこの機能を当然として、それを忘れている。そしてそれを忘れていることが、「生物学的常識の欠如」といえる。

ひとたび飢餓《きが》が来たらどうなるか。いま行われているさまざまな議論、まず、一瞬で消しとんでしまうであろう。そのあとに何が来るか、それはおそらく、いまでは、だれも自信をもって答えられない状態だと思う。そして、その答えられない状態、その状態におかれたときの人間の意識、その意識が形成する新しい「生物学的社会機構」これらを原初の姿で明らかにしているのがジャングルであり、それをそのままに記しているのが、小松氏の記録なのである。

人間が農耕・牧畜で、自分の食物を〝生産〟するようになってからどれくらいたつのであろうか。一万年か？　二万年か？　それは諸説があって私にはわからないが、いずれにしても「種の進化」が行われうるほどの長い時間ではあるまい。人間は、基本的には、採集経済時代の人間と変らないはずであり、そのことは、未《いま》だにその水準にある未開の人びとを見れば明らかである。同時にそのことは、文明人という名の現代人の日本人も、食糧の給付という現在の「生物学的社会機構」が崩壊すれば、すぐさまその状態に還《かえ》ってしまうことを示している。だが、問題はこの還るという点にある。

私のいたのは、人跡未踏、絶対に人が住めず、その生活環境では「三か月以上の生存はおそらく不可能」といわれた場所である。それはルソンの東海岸の近くで、この海岸は、台湾の東海岸同様、断崖《だんがい》絶壁であって、その上が、人間が通過できぬほど樹木が密生したジャングルである。空は見えず、二十四時間水滴が落ちつづけ、湿度百パーセントで、山ビルが棲《す》んでいる。

しかしそういう環境にも、人が住んでいた。ネグリート族である。だがその毒矢で命を落した者はいたが、彼らの姿を見た者はいなかった。おそらく、生活の大部分は、屋根のように頭上を圧している木々の上で行われるのであろうが、われわれは、そういった形の、その状態での「生存の基本的訓練」を受けていないので、生存は不可能になる。それは、裸でエスキモーの氷の村にほうり出されたに等しい状態といえよう。それは、またその人たちが、そのままの状態では東京での生活が不可能なのと同じことである。ここに、「未完成の生物」といわれる人間の弱点がある。

だが不可能とわかっても、人はそのとき、本能的に、農耕・牧畜以前と同じような行動をはじめ、その行動のために自滅してしまう。「坐《ざ》して餓死を待つ」という言葉があるが、人はこういうとき絶対に「坐して」いない。全く理由もなく、理由もない方向へ、ふらふらと歩き出し、ふらふらと歩きつづけて、行き倒れになる。おそらく採集経済時代の「生への希求の基本方式」すなわち「食の採集」がそのままに出てきて、「坐して」いられなくなるであろう。そしてこの状態は、きわめてわずかの、支給された量以外に食物があるはずのない収容所に入ってもなおつづくのである。従ってそれはもう、本能としか言いようがない。

栄養失調

山の生活で、糧秣《りょうまつ》は欠乏し、過労、長雨、食塩不足、栄養不良、それに加えて脚気《かっけ》、下痢、アミーバ赤痢、マラリヤ等により、体力が消耗しつくし、何を食べても一向《いっこう》回復せず、いや養分を吸収する力が無くなり、というより八十才位の老人の如く機能が低下している。いわゆる栄養失調患者が相当数このストッケードにもいる。所内をカゲロウの如く、フラフラと歩き回っている様《さま》は、悲惨なものだった。食欲だけは常に猛烈だった。これは食べねば回復しないという意志の力も手伝っているようだが、少し多く食べればすぐ下痢をおこし、また衰弱する。それでも食べるので下痢も治らない。常にガツガツしている様は、餓鬼そのものだ。自制心の余程強い人は良いが、そうでない人は同情を強要し、食物は優先的に食べるものと一人決めしているのが多い。軍医氏の話によれば、「栄養失調者は、身体の総ての細胞が老化するので、いくら食べても回復しない。それに脳細胞も老化しているので、非常識なことを平気でやるのも無理はない」という。なるほどと思われる解説だ。

この栄養失調者の群が、ゴミ捨場に膨脹缶を、炊事場に残飯をあさる様《さま》は、惨めなものだ。後に彼等だけに二倍の食が給与されるようになった。

若い兵隊等はそれでも回復していったが、年の多い将校等の中には、いつまでも回復しない人が沢山いた。

いずれにせよ、この栄養失調者の群は、同情されぬ人が多かった。

この記述は、飢えについて人びとがもっている奇妙な錯覚を打ちくだくに十分であろう。飢えは、胃袋の問題ではない。人間は、胃袋が空でありつづけても、頭脳の方は空にはならず無変化だと人びとは錯覚しているから、飢えの恐ろしさがわからない。といえば、「とんでもない、西アフリカやビアフラの写真を見れば、飢えの恐ろしさはわかります」という人がいるかもしれないが、それが私のいう「わからない」の証拠にすぎない。人はそれらの写真を見て「恐ろしい」「かわいそう」といった感情をもつであろう。だがそれはその人が飢えていないという証拠にすぎない。同じように飢えれば、そういう感情はいっさいなくなる。そして本当に恐ろしい点は、この「なくなる」ということなのである。

小松さんは末尾にはっきりと記している。「いずれにせよ、この栄養失調者の群は、同情されぬ人が多かった」と。ここは収容所であって、ジャングルのような極限状態でなく、他の人びとはそれほどひどく飢えてはいない。しかし、写真のような姿を現実に目にしても、人びとは、ビアフラや西アフリカの写真を見るようには同情しない。逆に恐怖に似た嫌悪感さえ抱くのである。

飢えが、自分に関係ない遠い異境のことだと思える間は、そして写真等でそれを眺めるにすぎない間は、人は同情する。しかし、この小松氏の絵に対してすら、人びとはそれほどの同情を感じまい。たとえそれが同じ日本人であっても――。そのはずであって、それが自然なのである。

飢え乃至《ないし》はそれを象徴する姿は、遠くて無関係な間は同情できる。しかしそれが身近に迫れば、人びとは逆に嫌悪する、さらにそれが、本当の自分に迫って来れば、本能的な恐怖から、それに触れまい、見まいとして、その人を逆にしりぞける。そしてそれは、その人がふだん声高に「人道的言辞」を弄《ろう》していたとて、所詮《しょせん》、同じことなのである。

現実にまだ飢えてなくても、飢えが迫ってきそうだという予感だけで、人は異常な不安にとりつかれ、いらいらしはじめる。こういうときぐらい、各人の性格がはっきりと出てくるときはない。その結果、わずか一口分足らずのミルクのことで、殺したり殺されたりがはじまりそうになる。

食糧あと一週間分になる（一部）

十八日、道が違うようなので、元気を出して元来《もと》た道を戻る事にした。皆大不平、一時間程戻った時、南にカンラオン山が見えその山麓《さんろく》に畑が有り椰子《やし》が見えた。そこまでならあと二、三日かかれば行けそうだ。糧秣はどうせボガンへ行くまでは無い。道を変えてあの畑へ出て体力をつけてから目的地に向う事に決心した。副島老人と堀江の姿が見えない。船越は彼等が逃亡したものと早合点し、射殺すると言い拳銃《けんじゅう》片手に彼等の下ったと思われる谷川を追って行った。我々は、昨日寝た所まで帰り又小屋を建てた。小屋ができ上った頃二人がやっと来た。疲れて路から少し入った所で休んでいたという。三時間程たって船越が帰ってき、余りに興奮していつになく早く歩いたので又発熱した。自分の早合点で勝手に追いかけたのだから文句も言えず、心中は唯《ただ》では収まらん様だった。その夜、堀江が虎の子のミルクの缶詰を開け皆（五人）に平均に分けた。その時隊長である船越に特別たくさんに分けなかったといって彼は激怒した。品性下劣な男とかねてから聞いていたが話に勝《まき》る馬鹿者だ、皆あきれ返って以後話もしなくなる。この日以来堀江は事々にいじめられた。ミルクの執念恐るべし。この男生れが悪いか、生来のひねくれ者か、忠告すれば隊長の威信にかかわったとでも思うのか、かえって反対の行動をとるので一切言わん事とした。その内《うち》兵隊に殺される類に属する男だと思って。

確かにここでは人間の品性が作用する。しかし、人が飢え出すと、品性に関係なく、何かを食べようとし出す。そしてその際、自己の品性を落さずに入手できる食物だけ食べていようとすると、これまた奇妙な結果になってしまう。

人が、胃の腑《ふ》につめこめるものは、何でもつめこんで、空腹を「だまそう」とする。われわれも、手に入るもので、食べられるものは何でも食べた。パパイヤの木の根——これはゴボウぐらいの堅さなので煮ればどうやら口に入れられた。パパイヤの木の芯《しん》——これは白い中空の筒のようなもので、何とか食べられた。さらに毒イモ——舌も唇もしびれ出すサトイモに似たイモ、またドロドロするほどアクの出る、シダのバケモノのようなヘゴの一種の芯に到るまで。

しかし、生物学的常識のなかった私は、それらの「物」が「食物」という点では、実際には、何の意味もないものであったことを、三十年後に小松氏の記述で知ったわけであった。氏はそれらに澱粉《でんぷん》反応があるかないかを試験され、食べても無意味と記されている。だが、こういう無意味な食物ならぬ「物」をとりに行って命を落とした者さえあった。しかしその小松氏にも次のような失敗がある。

果物に中毒

川辺に小さな無花果《いちじく》の様《よう》な実のなる木がたくさんあった。皮をむいてなめてみれば甘いので少しずつ食べてみる。別に毒でもない様なので皮ごと食べてみると甘味は更に強い。これはうまい物を発見した。これで一食米を食いのばしてやれと木に登り腹一杯食べるに急に気持悪くなったので、指をのどに入れ全部吐いてしまった。それでもその日一日、頭がフラフラして弱った。

小松氏はまたミンダナオで靴や図嚢《ずのう》(一)まで煮て食べた例を記されている。こういう食物は、実際には何の栄養もないから、ただ満腹しつつ衰弱が早まっていくだけである。

そうなるころには、人の相貌《そうぼう》は変り、体は骨と皮になり、目だけギラギラと光り、排便するだけの体力がなくなってガスが腹部に充満するから、「餓鬼」と全く同じ姿になる。そしてこの状態になると、その「者」が生きていようと、そのままに死のうと、それはもう人間とは別の生物と考えた方がよい。「餓鬼」の絵に描かれている「者」の、あの独特な目つき、挙止、体形は、すでに人間のものではない。ああいう相貌を描いた人こそ、本当のリアリストであろう。

だが人間はなかなか本当のリアリストにはなれない。そのため、あの「餓鬼」の絵は空想の産物と思い、一方では平気で「自然に帰れ」などといい、そしてそういうスローガンを掲げれば、本当に自然に帰れると思っているらしい。そのくせ、ビアフラの写真を見て「かわいそうだ」という。これはまことに奇妙で、空想的というより妄想的、支離滅裂的発想である。

そしてそういうことをいう人の話を聞いていると、言っていることは結局、現代の資本主義的生産物の恩恵だけは十分に供与されながら、自然的環境の中で生活したい、簡単にいえば、自然的環境の中で冷暖房つきの家に住み、十分な食糧と衣料がほしい、ということにすぎない。

だがそれは、最も不自然な生活だから、それを自然と誤解しているいまの日本人が本当に自然状態に帰らざるを得なくなったら、おそらく全人口の七割ぐらいは、生存競争に敗れて死滅してしまうであろう。自然には、人間を保護をする義務はない——ということは、自然状態にかえった人間も、ほかの人間を保護しないということである。

人間習性

人間の社会では、平時は金と名誉と女の三つを中心に総てが動いている。それらを得る為に人を押しのけて我先にとかぶり付いて行く。ただ、教養や色々の条件で体裁良くやるだけだ。それでも一家が破産したり主人公が死んだりすると、財産の分配等に忽《たちま》ち本性を現し争いが起こる。

戦争は、ことに負け戦《いくさ》となり食物がなくなると食物を中心にこの闘争が露骨にあらわれて、他人は餓死しても自分だけは生き延びようとし、人を殺してまでも、そして終いには、死人の肉を、敵の肉、友軍の肉、次いで戦友を殺してまで食うようになる。

ミンダナオ

ここは全比島の内で一番食物に困った所で友軍同志の撃ち合い、食い合いは常識的となっていた。行本君は友軍の手榴弾《てりゅうだん》で足をやられ危《あやう》く食べられるところだったという。敵も友軍も皆自分の命を取りにくると思っていたという。友軍の方が身近にいるだけに危険も多く始末に困ったという。

ルソン島の話

ここへ来てルソンの話を聞くと、初めは大分やったようだが、あとは逃げただけだった事が分った。しかも山では食糧がないので友軍同志が殺し合い、敵より味方の方が危い位《くらい》で部下に殺された連隊長、隊長などざらにあり、友軍の肉が盛んに食われたという。ここに致るまでに土民からの略奪、その他あらゆる犯罪が行われた事は土民の感情を見ても明らかだ。

ストッケードで親しい交際をしていた人の内に最高学府を出た本当に文化人的な人がいた。この人はミンダナオ島で戦い、山では糧秣が全くなかったので友軍同志の殺し合いをやったという。ある日友人達を殺しに来た友軍の兵の機先を制して至近距離で射殺した事があると話してくれた。そしてその行為に対しては少しも後悔も良心の苛責《かしやく》もないといい切っていた。それはその友軍兵を自分が先にやらねば必ず自分が殺されているから、自己防衛上当然やむを得ない事だといった。

人を殺して平気でいられる場合

もちろん小松氏は、すべての人間がこうであったとは言っていない。こうならなかった人間も「千人に一人いるかいないか」ぐらいの割合でいた、と記されており、これらの文はその人のことを記すための前文だといえる。

確かにそういう人もいたのだ。私の知る範囲でも、自らを殺して部下を救った非常に立派な人はいた。だがそれは例外者であり、例外者は基準にはならない。

またこのことは教育水準にも無関係である。小松氏が「人を殺して平気でいられる場合」の冒頭に「ストッケードで親しい交際をしていた人の内に最高学府を出た本当に文化人的な人がいた……」と記している。おそらくその人は、本当の「自然に帰った」状態を強いられることがなければ、生涯、自分にそんな一面があろうとは、夢にも思わなかった人であろう。それはいまの多くの人が、自らがそうなろうとは夢にも思わずに、平気で「自然に帰れ」などと言っていられるのと、同じ状態であったろう。

一体、人がこうなったとき、どんなときに「救い」を感ずるのであろうか。皮肉なことに、「人工」に接したとき、人工の産物があるらしいと知ったとき、人びとはほっとして「希望」を感ずるのである。人間は好むと好まざるとにかかわらず、そのようにつくられた生物であり、人工によって自然を自分に適合するように変え、それによって食物を生産することによってのみ生存が可能なのである。

中国軍がまだ延安にいたころ、まず農地を整備して「食」を確保した。彼らは、それが基礎であることを知っていた。(二)これは米比軍も同じで、米軍の再来まで頑張りつづけた彼らは、まず山中のジャングル内に「隠田《かくしだ》」ならぬ「隠畑」を、焼畑《やきばた》農耕の方法をつかってつくりあげ、それで「食」を確保してから、ゲリラ戦を展開した。これがない限り、日本軍が呼号した長期持久も遊撃戦も、実行不能なスローガンにすぎないのである。

本当に、人間が生物であるという認識に立っていたら、これらの準備は日本軍にもできたことであった。日本が単に「物量で敗れた」のでないことは、この一事でも明らかであろう。そして皮肉なことに小松氏たちは、かつての米比軍ゲリラの根拠地に入って、そこで「人工」に接してはじめて「希望」を見出し、これを「希望盆地」と名づけるのである。

この例は、実は、比島戦に意外なほど多い。レイテでも、撤退に撤退を重ねて、第三十五軍司令官鈴木中将が、カンギポットという山に逃げこむ。そしてそこの洞窟《どうくつ》に入ってみると、それが数日前までゲリラの根拠地、彼らが、米軍の上陸・進撃に符牒《ふちょう》を合わせて、つい数日前にそこを去ったらしい痕跡《こんせき》まで発見されるといった例まである。

小松氏は、そういったかつての敵の根拠地にたどりついたときの状況を記しているから次に引用しよう。

食糧あと一週間分となる（末尾）

十九日、珍しい晴天だ。谷川を下る。石を飛び木の根につかまって苦心、谷川下りだ。途中台湾人慰安婦の一隊に会う。皆元気で重い荷を平気で背負っている。この中に五才位の痩《や》せた男の子が一人混《まじ》っていた。泣きながら皆の後について歩いていた。輝行の事等思い出した。我々の隊の老人連は雨に濡《ぬ》れた装具を持ち切れずに皆捨ててしまい裸身で歩いていた。この日は籾《もみ》を食べる。行軍中は籾つきなどやる暇がないので籾を飯盒《はんごう》でいって食べるのは仲々美味なるも、歯の金冠は破れるし、便秘はするし困ったものだ。ジャングルの中に入ると良い道があった。しばらく行くと大きな家がある。最近まで米軍が居た跡だ。無電装置がしてあり、アンテナが張られていた。この道は敵に通ずる危い道ではあるが、近くに畑がある事が予想され気分が明るくなった。米軍の永久抗戦の用意の良さに感心した。日本のそれは口だけであるのに反して。二時頃幕営《ばくえい》す。この川にはドンコ（魚）がいる。釣り道具を出し久々に新鮮な魚を食べる。

糧秣あと一食分となる

　二十日も好天に恵まれた。マンダラガンのジャングルの中で毎日雨に打たれ山蛭《やまびる》がはい回る陰湿な所に永く住んだ者には、日当りの良いこの谷川は春の国に来た様な気がした。行き倒れが二、三人いる。糧秣は今日の昼食が終ると、あと籾が一握りか二握りしかない。一昨日山で見た畑まで早く出たいものとあせる。他の連中も気はあせっているが、体力がないので遅れがちだ。

　我慢できなくなったので自分一人でどんどん歩き出した。ゲリラが樹上から狙撃《そげき》するという事を聞いているので十二分に気を配りながら歩いた。突然ガサと木立がゆれた。ゲリラかと思わず拳銃の安全装置をはずす。大猿が一匹こちらを見ている。小さな山を一つ越えて別の谷川へ出た。そこにも米軍のいた家が三軒程ある。四、五十名は暮していたらしい。いよいよ畑は近いらしいが、敵のいる可能性も大きいので拳銃を片手に進んだ。後続はさっぱり来ない。

　半時間程行くと林が切れて開潤地が見えた。いよいよ敵地かと木の陰に隠れながら林を出た。一面甘藷《かんしょ》畑だ。これで助かった、もう敵の事等忘れてしまった。手近かな芋《いも》を引き抜いて土も落さずかじりついた。甘い汁が舌に滲《し》み通る様だ。三、四本続けて食べた。こうしてはいられんとあたりを見れば、木の皮で造った家やニッパーの家が十五、六軒見える。人がいる。倒木の陰から様子をうかがった。どうやら土人ではなく友軍らしい。おそるおそる近づいて行けば向うの倒木の上に兵隊があお向けにひっくり返っている。急に大声で「建設の歌」を歌い出した。もう安心だ。拳銃をサックに収めその兵に近づけば、昨日はぐれた当番の安立上等兵だ。

この辺の様子を聞けば敵はいず、爆撃もなく、甘藷《かんしょ》やトマト、山芋、里芋、砂糖黍《さとうきび》等たくさんあるという。ちょうど藷《いも》の焼けたのがあったので御馳走《ごちそう》になる。甘藷がこんなに旨い物とは知らなかった。安立が砂糖黍とトマトを取ってきてくれた。腹が一杯になった頃、ボツボツ後続の連中が来出した。芋畑を見て狂喜して皆土のついたまま生芋《なまいも》をむさぼり食べている。副島老等泣いて喜んでいた。「助かりました、助かりました」と言いながら。

空屋三軒に一同分宿した。当分ここで芋を食べ放題食べて体力を作る事とした。久々に床と屋根のある家に超満腹の太鼓腹をなぜながら、命が助かった喜びを語り合い寝た。この畑地を、生きる希望を得たという意味から希望盆地というようになった。

希望盆地

六月二十一日、鶏鳴に目を覚ます。「おい鶏がいるぞ」と、朝食の芋を皆で掘りに行く。

希望盆地はネグロス最大の河、バゴ川上流（の支流）マンダラガン連峰の南端にある。南にバゴ川本流をへだててカンラオン山が見える。東南の傾斜面の五抱えも十抱えもある大森林の大木を切り倒し焼き払った後へ畑を作ったのだ。これは皆米軍のやった仕事だ。小高い所へ登ってみると、南の方はこんな畑の連続で小屋もたくさん見える。甘藷、カモテカホイ（キャッサバ）、トウモロコシ、里芋、太郎芋、陸稲、インゲン、煙草、唐辛子、ショウガ、カボチャ等が栽培されている。米軍の自活体制の規模の壮大さに驚かされた。

毎日芋やカモテカホイを腹一杯食べて、体力はメキメキと回復した。一日に三回位大糞《おおぐそ》をする程食べた。(中略)

台地の下の谷川にはドンコ、カニ、エビ、鰻《うなぎ》、オタマジャクシ、ニナ貝等がたくさん居《い》、一日にドンコの二百匹位釣るのは訳なかった。ドンコの乾物を作り坪井大尉の土産に持たせてやった。

希望盆地を通過する人達

自分達がここへ根を下してから、四、五日すると、毎日大勢の兵隊が山から出て来た。皆糧秣を失い、或《ある》いは病気となりヒヨロヒヨロになっている。皆初めて見る芋をむさぼる様に生のままかじり付いている。我々の家は小高い所にあるので、彼等が登って来るのが一目で見える。五十米の坂道がどうしても登れず泣き出す兵隊もいた。元気で重い荷を負って来るのは六航通(三)の兵隊だけだった。多い日は二百名位の兵隊がこの盆地に来、手当り次第芋を掘って食べるので一面の芋畑もすっかり食い荒された。我々の糧秣も毎日遠くの畑まで行かねばならなくなってきた。希望盆地には椰子《やし》の木も有り、三階建の大きな家も有り、この家には三階までかけ樋《ひ》で水が引いてあり七十名位は入れた。

読み方によっては、何とも皮肉な記述である。「大東亜戦争は百年戦争である」とか「現地自活・長期持久」などと呼号していた日本軍には何一つ長期的な準備はなく、三年ぐらいで比島を奪還するつもりでいた米軍の方が、何年でも持ちこたえうる準備をしてゲリラ戦を展開していたとは。

――さらに、彼らが捨てていった基地にたどりついて、そこではじめて「希望」を感じて希望盆地と呼びながら、たちまちそれを食いあらし、食いつぶしてしまうとは――。しかしそれでも、この「人工の場」にいる間だけは、人間は、人間らしい感情をもっているのである。

そのことはまた、終戦のときの氏の記述にも表われている。人間が、人間としての感情をとりもどす第一歩は、死体に対する態度かもしれぬ。それは人間の文化の発生が死者への鄭重《ていちょう》な埋葬にはじまることにも表われているのであろう。氏は、終戦と同時に、死者への礼が復活し、それで、はじめて人間らしい感情を味わったと記しておられる。

サンカルロスへ　渡辺参謀、河野少尉等と共に歩く速度は実に速かった。船越等と歩くと余りゆっくりなのでかえって疲れたが。死臭がした、道端に外被をかぶせ日の丸で顔を被った屍《しかばね》があった。今日まで見た死人は皆服や靴ははぎ取られていたのにこんな屍は初めてだ。久々に人間らしい感情が湧いた。夕方明野盆地に着き渡辺参謀と別れた。

そして次に、氏がはじめて、「人情」を見るのが、敵兵の日本軍負傷兵への親切なのである。

捕虜収容所へ　九月一日未明、六航通関係全員が台上に整列、武器を持つ最後の宮城遥《よう》拝《はい》(四)をし、中谷中佐の訓辞有り、「我々は朝命により投降するのだから堂々と下山せよ。病人には二人ずつの兵を付けよ」と、次いで銃の弾を抜き、コウカン(五)を開き肩にかついでサンカルロスへの道を急いだ。遠々二千三百名の行列だ。

途中土民達が出てきて、これでもう安心したという様な面をしていた。三時間程山を下った所に米軍の出迎えが来ていて、各中隊に二人ずつの米兵がカラパーン銃一つを持って付きそった。出迎えの米兵は親切丁寧だった。そして将校にはKレイション一箱ずつくれた。十二時昼食、レイションを初めて食べる。久々に文化の味をあじわう。

川を腰までつかって渡渉《としょう》すること二十回、やっと平地に出た。我々の隊列の中に片眼、片足を失った兵がいたが米兵が彼の水筒に甘いコーヒーを入れてやり煙草に火を付けて与えていた。山の生活で親切等言う事をすっかり忘れていた目には、この行為は実に珍しい光景だった。久々に人情を見た様な気がした。

人という「生物」がいる。それは絶対に強い生物ではない。あらゆる生物が、環境の激変で死滅するように、人間という生物も、ちょっとした変化であるいは死に、あるいは狂い出し、飢えれば「ともぐい」をはじめる。そして、「人間この弱き者」を常に自覚し、自らをその環境に落さないため不断の努力をしつづける者だけが、人間として存在しうるのである。

日本軍はそれを無視した。そして、いまの多くの人と同じように、人間は、どんな環境においても同じように人間であって、「忠勇無双の兵士」でありうると考えていた。そのことが結局「生物本能を無視したやり方」になり、氏は、そういう方法が永続しないことを知っていた。

「日本は余り人命を粗末にするので、終いには上の命令を聞いたら命はないと兵隊が気付いてしまった……」〔。〕それは結局「面従腹背」となり、一切の組織はそのとき、実質的に崩壊していたのである。

社会機構といい体制といい、鉄の軍紀といい、それらはすべて基本的には、「生物としての人間」が生きるための機構であり、それはそれを無視したその瞬間に、消え去ってしまうものなのである。

注一 地図などを入れる皮製のカバン。著者の、『一下級将校の見た帝国陸軍』では、「いまの言葉でいえば小角型ショルダー・バッグ」と説明されている（「〝大に事《つか》える主義〟」の章）。

注二 北京の西南八二〇㎞ほどのところにある都市。陝西《せんせい》（シェンシー）省の北部に位置し、中国共産党軍の拠点であった。

注三 第六航空通信聯隊《れんたい》の略称。

注四 遥かに隔たったところから宮城《きゅうじょう》（皇居）を拝むこと。

注五 漢字で書くなら槓桿《こうかん》。一般には「（銃の）遊底《ゆうてい》を開き云々」と言う。

第十章　思想的不徹底

敗因一六　思想的に徹底したものがなかった事
敗因五　精神的に弱かった（一枚看板の大和魂も戦い不利となるとさっぱり威力なし）
敗因七　基礎科学の研究をしなかった事
敗因六　日本の学問は実用化せず、米国の学問は実用化する

以上の四項目は、相互に関連がある。徹底的に考え抜くことをしない思想的不徹底さは精神的な弱さとなり、同時に、思考の基礎を検討せずにあいまいにしておくことになり、その結果、基盤なき妄想があらゆる面で「思想」の如くに振舞う結果にもなった。それは、さまざまな面で基礎なき空中楼閣を作り出し、その空中楼閣を事実と信ずることは、基礎科学への無関心を招来するという悪循環になった。そのためその学問は、日本という現実にそくして実用化することができず、一見

実用化されているように見えるものも、基礎から体系的に積みあげた成果でないため、ちょっとした障害でスクラップと化した。

以上のような脈絡は、『虜人日記』の本文を読んでいると、自《おの》ずと浮びあがってくる。氏の言葉は単なる〝批評〟ではない。自分が基本的に、いかなる思想で自己を律しているかを考えずに、徒《いたず》らに「思想という名の言葉の遊戯」をもてあそぶ。それは結局は思想なき人間なのだが、それでも日本という社会の中で他律的に律せられている間は、その無思想性は表に出ない。

しかしそれが、外地に出て、軍の規律から除外された形の軍属――ただし高等文官という一種の特権階級――という、自ら責任を自覚しなければ無責任でいられるという位置におかれると、思想的にはゼロに等しい奇人にすぎないことを露呈してしまう。その場合、その人のもつ思想らしきものは、一種の非生産的な奇言奇行としてしか表われない。いわば、道化に転落してしまう。

小松氏がマニラで会った最初の人びとは、そういう生き方しかできなくなった一群の軍属たちであった。

ベビューホテルの生活

昭和十九年四月二十九日、天長節（一）の休日を利用してパサイのルビオスアパートの高等官連中がベビューホテルに移転することになった。

自分は経理監督部の司政官（二）石村重蔵氏と七階の七五五号室に住むことになった。石村氏は和歌山市の産、京大法科出身、名古屋銀行員から司政官になった人で度の強い近眼鏡と太い脚が特徴だった。陶器への造詣《ぞうけい》が深く、碁は二級、ベビュー名人の称があった。独身青年だった。デブとヤセの名コンビよろしく、一緒になった日から楽しく暮した。夜明けまで色々の話をする事がよくあった。

石村氏は精力絶倫なので女の話となると途中から淫売買《いんばい》いに出かけ、あとでシャワーをジャージャー浴びていることがよくあった。初めはしきりに誘われたが、冷やかしには行くが買物はせんのでしまいには誘わなくなった。「小松さん出る時、奥さんと何か約束したか？」等とよく冷やかされた。淫売は冷やかすばかりなので彼女らも顔を覚えてか、ベビューの近くのイ〔サ〕ックペラーの辻君《つじぎみ》達はあまりひっぱらなくなった。

ベビューホテルは高等官だけのホテルだが、その住人はほとんど「打つ買う飲む」が専門だった。謡曲をやったり、尺八を吹いたり本を読んだりする人は変人の部類だ。日本の知識階級の集っているこのホテルの品性は余り上等とは言えぬ。日本人の生活に趣味というか、情操というものが少なすぎるので、一歩家を出るとこの様な荒《すさ》んだ生活になる。こんな生活で本当の仕事ができるわけがない。「一億一心」と内地では酒もなく、先祖伝来の老舗《しにせ》を棒に振って工場に徴用されている時マニラだけが、こんなデタラメな生活をしていてよいのか？　それより日本人の品性が情なくなった。日本人は教育はあるが、教養がないと或る米人が批評したというが本当だ。

変人会

南方へ仕事をする積りで来て現状にあきれ返ってしまった者、着任後何日たっても仕事のない人、軍人が分らぬことを主張するので仕事のできぬ人、その他部長や課長と合わぬ人、これらの中には本質的にかなり変った人が多かった。

この変人どもがいつの間にか自分達の部屋に集まってきては、気焔《きえん》をあげるようになってきた。人よんで変人会事務所という。

会長級の人物に陸軍司政官、佐々木喬氏がいる。東大経済出の英才、ラモンナバロに似たいい男。父親は坊主、田舎寺の住職。喬氏、幼にして英俊、これを見込まれて檀家が寄ってこの英才を大学の宗教科に入れて勉強させ未来の大僧正に仕上げんとした。

しかし彼は坊主になるのが嫌で、宗教科に入ると称して経済学科に入ってしまった。それがばれて檀家から金が来なくなった。彼の弟が宗教科に本当にはいってこの問題もけりがついたという。

卒業後台湾銀行に入ったがけんかをしてやめ、内閣企画院(三)に入り、次に司政官となって比島にきた。着任直後、低物価政策を進言したが、軍人には理解できず彼の説はいれられなかった。「俺は日本に帰って仕事がしたい。今の日本は俺のような人物が必要なのだ」としきりに説いていた。この間、奇言奇行で有名だった。

後に胆嚢炎《たんのうえん》を病《や》み入院したが、その頃マニラの初空襲があり、「俺は爆弾で死ぬ」と言って文官礼装をして爆撃最中の港を歩きまわったが、ついに死ねず、その後許可もなく病院船に乗って内地に帰ってしまったという。

副会長、鉱工部鉱山課の山口元嗣技師は一流人物だ。薬専を出て阪大工学部冶金《やきん》科に入り、鉱山監督局から比島に来た男。身なりいっさいかまわず、雑巾《ぞうきん》かと思えばそれが顔をふく手拭《てぬぐい》だったりして人を驚かした。地理と歴史の研究を毎日遅くまで自室に籠《こも》ってやっていた。この男は何をさせても常人と変ったことをやらかすし、社会事象に対する観察もかなり変っていた。部長や課長にお上手を言わないので皆に嫌われていた。我々の部屋には一日一回必ず現われ、夜が更《ふ》けようが、こちらが眠ろうが一向《いっこう》平気でいられるのには閉口《へいこう》した。自分とはよい碁敵だった。よく勉強をしていたが辻君の乳房をいきなりいじったりするので淫売連中呼んで「アブナイさん」という。

近藤親興技師。東大理学部地質学科出身、地質調査所から来た大佐相当官の人。あたりかまわず大声で猥談《わいだん》をやり、主張は相手かまわず通し、部長を叱《しか》りつけるぐらいのことは平気でやる。奇行家で昼休みに机を片付けてローラースケートの練習をやったりした。学生時代ボートの選手とかで体力絶倫だった。

辰井技師。東大農芸化学科出身、醸造試験所の研修員を自分と一年一緒にやった。燃料局の九州局長から比島に来た人で、自分では常人のつもりでいるが可成りの変人だった。

以上の記述は、軍人ならぬ一般人も、思想的に徹底したものがなく、「精神的に弱く」従って

〝思想的〟な人の行動が、豊富な知識と高度の学歴をもつ人の集団が、自らの思想で自らを律することのできぬ、まことに「非生産的」な、奇言奇行家集団すなわち「変人会」となってしまったことを示している。これは太平洋戦争中に多くの知識人が陥った自棄的な精神状態であり、現代にも通ずる問題である。

こうなってしまうと、各人は自己の一定の方針を持ち得ず、その時々の情況に流され、無方針で場当り、前後への思慮を失って誘惑に負ける。同時にその事後処理においても無責任、しかも他への批判だけは一人前だという状態にもなる。以下の記述はこの問題の表われを示している。

日本人と現地人の混血児

比島占領当時から日本人と現地人との結婚問題、いや混血児の問題が取りあげられていた。比島人は米人、スペイン、支那人等、自分達より優れた者と混血することを喜び、混血児はミステーサアー、ミステーソー等といって一般比人の上位に位していた。事実、混血児達は美しく、教育もあり土人より優れていた。

こんな国柄のところへ大東亜共栄圏理念をかざして戦勝国民が来たのだから当然この問題が起ってくるわけだ。当時は混血奨励とまではいかぬが、成り行きまかせ、いやむしろ賛成者も多かったが、段々に混血不可論が多くなってきた。南方総軍の、その方面の係の人にこの問題につき一晩話を聞いた事を書いてみる。

「比島に根をおろしてここに生活する人が比人と結婚して子供をつくるのは何も問題はないが、

軍人、軍属、会社員等のように、一時的に比島にいる者が落す種《たね》も馬鹿にならぬ程の数量だという。混血児をつくることの好きな比人との間のこと故《ゆえ》、放っておいてもよいようなものだが、一歩深く考えてみると、スペイン、米人の混血児が比島で優位を占めているのは、その本質も優れているが、彼らは植民地にいる間は莫大《ばくだい》な月給が支払われている。それで一時的慰みの種でも、帰国時は相当額の手切金というか、子供の養育費を置いていく。それで彼女等は中流の生活をし、子供達にも中等以上の教育を受けさせるので、この混血児は社会的にも相当の地位を得ることができた。

しかるに日本人の場合はどうか？　一年か二年の任期が済み、帰国の時彼女等に残す金はいか程のものであるか？　俸給《ほうきゆう》全部を与えたとしても知れた額。米国人が彼女らに与えた千分の一の事もしてやれぬことは明白だ。

その結果は彼女らの生活は少しも保証されず、感情は悪くなる一方であり、生れた子供達は何の教育もされず貧民窟《くつ》を彷徨《さまよ》う人種となるのが落ちだ。あれは日本人の種だと言われて恥ずかしくない者が何人できるか？　現状では良い結果を得られる見込みは全くないから、種はまいても子供をつくる事だけはやめてもらいたい」との論だった。　ベビューホテル七階にて

この問題は、実は、戦後三十年たった現在でもまだ未解決で、尾をひいている問題である。確かに、出張先で子供をつくり、放置してくることとは、たとえその相手と子供の生活を保障したところ

で、立派な行為とはいえまい。とはいえわれわれに、こういう問題を、民族の問題として、いかに処置すべきかについて、思想的基盤に基づく確固たる方針がないことも否定できない。

ベトナムから戦争孤児を輸送する飛行機が墜落したことがあった。孤児の多くは米兵との間に生れた子供であるという。この孤児輸送に対して、日本の新聞は筆を揃えて非難した。これに対して台湾人林景明氏は、次のような意味の反論をした。

日本人は、多くの戦争孤児と現地妻を捨てて南方からひきあげた。日本政府は、この気の毒な人びとに対して何一つしようともしない。それどころか、台湾人をはじめ現地で徴兵・徴集した人びとやその戦死者・戦傷者、遺族に対して、恩給はむろんのこと、何らかの補償さえしようとしない。否それどころか、これらの人びとのわずかな月給から差しひいて強制的に貯金させた郵便貯金さえ、払いもどそうとしない。自分はなすべきことは何一つせず、一切を放置したままにしておいて、アメリカが米兵との間に生れた戦争孤児だけでも引きとろうとするのを非難することは、厚顔無恥としか言いようがない、と。

この所説の一部は新聞への投書としても掲載された。そして、こういわれると、明確な思想的根拠に立ってこれに反論できる者はいない。そのため黙ってひっこんでしまうという形で、反論と同時に、アメリカへの非難の論調は、急速に紙面から消えていった。

批判らしきものも、その奥に、何ら思想的基盤がないからであろう。三十年前の行為と同じように、その行為への批判においても、われわれは、行きあたりばったりで思いつき、その場その場の印象に前後の脈絡なく情緒的に引きずられているだけで、一つの思想的基盤に立つ筋の通った一貫性に欠けていることを示している。

以上は、小さいことのように見えて、決して小さい問題ではない。というのは、太平洋戦争におけるすべての行動が、同じように思想的な基盤の欠如と精神的な弱さを示す、一貫性なき場当り的な行き方だからである。それは戦略思想の不徹底さにも示されている。

日本は生産力が低い、従って日本軍は火力が弱い、だがそれを補って優位に立つための兵器に対する明確な系統的な考え方はなく、そのくせその弱点を逆用しそれを基にした戦略・戦術への徹底的な追究、いわばゲリラ戦で対抗すべきだ、という思想もなかった。そしてそのことは、小松氏のような透徹した常識の持主には、何とも不可解なことに映《うつ》って不思議ではなかった。

鈴木参謀と語る

地獄谷から大和盆地までの間、無口な鈴木参謀と行動を共にした。その時彼とポツポツ語った話を書いてみる。

「独乙《ドイツ》の敗因は」と問えば「世界の大国を一時に三ケ国も相手にして戦えばどんな強力な国でも勝てぬ」「日本軍の欠陥は」「最高人事行政も兵器行政もなっていない。兵器部長等という重職に兵器に何んの知識も達見もない者をすえ、一種の閑職《かんしょく》とさえしていた。万事この調子だ」「日本の兵器の遅れているのは無理ないですね」「世界中の陸軍で銃剣術等に兵の訓練の主力を持ってゆき『銃剣何物をも制圧す』等という思想を持っているのは日本だけだ。槍《やり》と鉄砲と戦えば銃が勝つ事は、甲斐《かい》の信玄以来、最精鋭を率いた武田勝頼が、家康の火縄銃と戦って敗れた戦例を見ても明らかなのだが、今になっても尚、銃剣至上主義が余りにも多かった」「ネグロスでは初めから兵器のない事はわかっているのに、ギンバラオ、三峯に全兵力を集めて集団的戦闘をなぜやったのか。初めから糧秣《りょうまつ》の豊かな地点に分散してゲリラ戦法をなぜとらなかったか」「自分もその意見だったし、山口部隊長その他支持者もあったが、各個撃破を恐れてああなったのだ」「君は台湾にいたというがゲリラの戦法の話をしてくれ」「ゲリラが日本人を襲う時は極めて計画的で日本人の虚に乗じ全力をあげて攻撃してくる。首狩りの時は銃を据え、人の来るのを何日も待って、来れば一発で必殺する。正面から切りつけて来る様な事はない。我々が全ネグロスに分散して神出鬼没したならば米軍もどうにもならなかったと思う。台湾軍が飛行機・砲をもってしても、部族の蕃人《ばんじん》の討伐《とうばつ》もできなかったのだから」「蕃人は塩をどうしているか」「鹿の袋角《ふくろづの》、陰茎等の精力剤や猿、籐《とう》等をもって塩、火薬と交換している」「この山ではそんな事はできぬか」「バコロドあたりの華僑《かきょう》と台湾人を使って、鹿その他の漢方薬の原料を交換でもしたら塩位《ぐらい》は得られると思う」

面白い話がたくさんあった。鈴木参謀は航空の参謀で、他の参謀や高級部員が皆逃げた後一人止《とど》まった人である。

兵器部長は閑職、従ってアメリカのように一種の兵器至上主義とはいえない。といって、兵器の劣弱を補うゲリラ戦でもない。まことに中途半端であり、軍事思想において、何一つ徹底したものがなく、結局、基本的には無方針としかいえず、そのため計画らしきものはすべて空中楼閣になる。いわゆる「精神力」という言葉は、この不徹底さをごまかす一種の〝粉飾決算〟的自慰行為にすぎないから、ひとたび「戦い不利」となると、一切の自信ある対策は生れず、「一枚看板の大和魂《やまと》」も「さっぱり威力なし」ということになってしまう。

このことは、明確に自己を規定し、その自己規定に基づいて対者を評価し、その上で自己と対者との関係を考えるという発想がないことを示している。そしてこれは軍事だけでなくすべての面に表われ、技術ももちろんその例外ではありえない。小松氏の記す「日本の学問は実用化せず、米国の学問は実用化する」という言葉は、単なる印象批評でなく、技術者として日米の技術を比較して得た結論である。

比島の酒精工業

毎日遊んでいてもしかたがないので米人やスペイン人の設計した酒精工場を調査してみた。カンルーバン、バンバン、タルラック、パニキ、デルカルメンなどルソン地区の代表工場を廻《まわ》ってみた。台湾で我々がやっていた酒精工場の設計、独乙《ドイツ》人の設計になるショウラー法などと米人の設計を比較してみるとかなりの違いがある。

彼等のやり方は麦酒《ビール》会社で造った麦酒酵母（麦酒醸造の副産物でバターの如くパラフィン紙に包装してある）を冷蔵倉に入れておき、これを水に溶かして糖蜜《とうみつ》を溶かした醱酵《はっこう》槽に種として入れるだけで、酒精醱酵を簡単に終らせている。

台湾のように純粋培養をした酵母を工場で更に純粋培養し、酒母をつくって加えていくというような手数のかかることや、独乙人の考えたように多くの機械を要するやり方とは全く異っており、酵母は出来合《できあい》の物で間に合わせるので酒精工場としては酵母関係の技術者を全く必要としない。素人で充分にやっていける。

次に蒸溜器《じょうりゅうき》も日本では醪《もろみ》塔、精溜《せいりゅう》塔、フーゼル油分離塔等のあるギョーム式を採用し、酒精の品質を最上のものとしているのに対し、仏国製のルムス一点張りで醪塔の上に精溜塔をつけ、アルデヒドもフーゼル油もぬかずに酒精の品質を悪くしている。どうせ自動車用だというので平気でいる。したがって蒸溜操作は極めて簡単である。神経が太いというか実用向というか。もっとも、日本人は不必要に神経質で化学的に純粋でないと何だか気が済まず、自動車なんぞに用いるのに不必要なまで手をかけて品質の良い物を造っている。

酵母を多量に加えて安全な醱酵をさせるあたりは、まさに物量主義のあらわれだ。要するに米人の設計した酒精工場は素人だけでも運転できるようになっている。

興味深い記述である。日本は、ブタノール造〔増?〕産のため、貴重な技術者をわざわざ比島に派遣している。ところがそこに来てみると、「素人だけでも運転できるようになっている」米人の工場がある。

ところが日本の技術者がわざわざ比島まで出むいても、結局、ブタノール増産は不可能という結論しか出なかった。もちろん「変人会」の人びとのように何もしなければ不可能にきまっているが、小松氏のようにまじめに現地を調査しても抜本的改革もそれによる増産も不可能なのである。次に、氏がそういう結論を出すまでの調査の過程を追ってみよう。

椰子林の調査

世界のコプラ(四)の七割は比島に産し、その又七割は南部ルソンのタイバス、タガイタイ、ルセナ地方からとられることを知りタイバス、ルセナ地方の椰子《やし》林《りん》を調査してみた。(十九年七月)

その目的は比島で砂糖からブタノールを製造するとすれば、莫大な石炭と副原料としての蛋白《たんぱく》質《しつ》が必要となるが、比島の石炭は微々たるもので、蛋白源としてはコプラ粕《かす》があるのみだった。そこでコプラに対する概念を深めるためと、椰子林から燃料が採れはせぬかと調査してみたかったのである。

マニラから乗用車を飛ばしてロスバニオスを過ぎタイバスの山手にかかると道路の両側はもちろん、山全体が椰子林でどこまで続いているか分らない。スペイン時代の植林とのこと。その計画の偉大さに驚かされた。この椰子林は何十里と続き、幅も何十里もあるという。その林の中に町あり村あり工場あり水田ありで、山賊、ゲリラまでが沢山巣くっている。これらは皆、椰子によって生活しているのである。空を覆うような椰子樹が道路にかぶさり、熱帯の強い日ざしを遮《さえぎ》っている中を自動車で飛ばすのは何とも気持の良いものである。

椰子の常識として次の様な事を記憶している。

椰子は実生《みしょう》後七、八年で実がなりはじめ、二十五―七十年の間のものが一番収量が多い。開花後二、三ヶ月で収穫し、一本の椰子から年平均四十、四十二の椰子が採れる。一ヘクタールに百五十本の椰子が植わる。椰子の実五千―六千個からコプラ一トン（油六十％、コプラミル三五％）採れる。

椰子の実一ヶ一〇〇〇―一四〇〇グラム。外皮四六〇グラム、外殻二二五グラム、コプラ二五九グラム、水一五〇グラム。枯葉一ヘクタール当り年一トン。

二八〇〇町歩の椰子山に（カンルーバンの例）実のなる木一九二、〇〇〇本、若木四〇、〇〇〇本。一二一家族で二、〇〇〇人が住み一人当り二十五町歩。

タイバスの山中では二〇〇町歩、三十二家族、椰子樹四万本に八ヶ所のコプラカマドがある。

生《なま》椰子一、五〇〇本で石炭一トンの火力あり。

コプラをつくるには椰子の実の外皮をはぎ実を二つ割りにし、これを火力（椰子ガラを燃料とする）で乾燥し殻を剥《は》ぎ更に乾燥する。これがコプラで町の搾油工場に出て油の原料となる。

椰子殻《ガラ》から活性炭をつくることも、ゲリラの多い山中でやっていた。邦人商社（伴野物産）の人のほうが献身的な奉仕を国家にしている。（歩合二十五―三十％）

椰子林の調査は得るところが多かった。

ブタノール工業中止

ブタノール華やかなりし頃の計画ではデルカルメン製糖工場を昭和農産に、カンルーバンを南洋興発に、メデリンを鐘ヶ淵実業に、マナプラを台湾製糖に、その他三菱、日室などもそれぞれ製糖工場を改造してブタノールをつくる予定でいたが、資材難のため第一期工事としてはデルカルメンだけを完成させることとなった。十九年七月頃には工場は八分通りできていたが、工場はできても石炭が運べんので運転見通しがたたず、やむなく工事を打ち切り工場資材を他に転用することになった。比島のブタノールは当分だめということに決った。こんな具合なので試験工場の方も自然消滅ということになった。（中略）

結局、資材は無駄、投下労力は無駄、技術者をわざわざ比島に派遣したことも無駄、すべてが無駄になった。こういう状態におかれれば、だれも相当に「変人」になり、ぶらぶらしている以外に方法はない。しかし小松氏は、無用の場所からは早々に帰国しようとする。そこで交渉すると、次のような面白い返事になった。

試験工場設立要員として来た辰井技師と自分は比島には用のない身となったので、早々人事係のところに行き内地や台湾では醱酵技術者が不足して困っている時故《ときゆえ》、ご用済の我々を直ちに帰国させるように交渉した。すると「軍属は用があっても無くても一年は南方におらねばならない。第一、一年もたたないうちに民間から採用した者を帰しては軍の威信にも関わる。あなた方の勲章にも関係がありますからしばらく我慢してくれ。皆そうなのだから」と言う。戦争に勝つために是非必要だというから、会社を辞めて来てみれば何のことはない。憤慨してもどうにもならない。「それなら毎日遊ばせておかずに仕事を与えよ」と交渉すれば「そのうちに何とかします」という。煮え切らん話。「勲章は不要故《ゆえ》、帰るチャンスがあったら取り計《はか》らってくれるように」と頼んで帰る。

こういう例は、私も現地で見ている。そしてその中には、はじめから何のために来たのかわからないような人もいた。落選代議士やら退職高級官僚やらが「陸軍司政官」などという肩書きで、何もせず、高給をもらってただブラブラしていた。その中にはまじめな人もいたが、結局、どのような政治体制をどのように運用するかという基本的発想もそれを培う政治思想も軍部になかったため、すべての人が、何をやったらよいかわからずに、遊民と化する以外に方法がなかった。

もちろんその中には、遊民の状態を喜んでいた人もいた。結局、ブタノールの製造も現地の統治も軍の作戦も同じような空中楼閣、それでいて「威信」だけを問題にする、これを招来した根本的な原因は、小松氏の指摘する「思想的不徹底」である。

そしてこの「空中楼閣しかないから、それを隠すため威信だけは問題にする」という態度が、敗戦の最も大きな原因の一つであった——これも「思想〔的〕に徹底したものがなかった事」の一つの表われだが——。氏は次のように記されている。

「転進」という言葉

アッツ島が玉砕し、キスカ島の兵力を後退させた時「転進」という言葉が初めて新聞に出た。そしてその時「転進」は退却でも敗戦でもないという事が大本営から盛んに弁明された。其の後ガダルカナル、ニューギニヤ戦線で盛んに転進が行われた。「日本軍に退却無し」という伝統を守るための言葉か、自己欺瞞《ぎまん》か、ソ連の動向をおそれた外交手段か知らぬが、戦況不利の時は退却するのは兵隊の常でなければならんと思う。(中略)

日本軍は転進という言葉を使わなければ士気が沮喪《そそう》し国民の信用も保持出来なくなった事は事実だったが。(中略)

負け戦《いくさ》は負け戦として発表出来る国柄《くにがら》でありたかった。調子の良い事ばかり宣伝しておいて国民の緊張が足らんなどよくいえたものだ。もっとも今度の戦争は百年戦争だなど宣伝されていたのだが、どう考えても本当のことを発表する可《べ》きだったたと思う。外国をだますつもりの宣伝が自国民を欺き、自ら破滅の淵に落ちたというものだ。いずれにせよ「転進」という言葉が出来てから日本は一回も勝たなかった。今度の戦争を代表する言葉の一つだ。

以上の、自らの思想を徹底さす基礎となるべき哲学もなく、自らに適合した自らの技術を開発する基礎となるべき「基礎科学の研究をしなかった」こと、それは実は過去の問題でなく、現在もなお同じ状態なのである。その意味で、以下に引用していく小松氏の文章は、現在への警告ともなるであろう。

日本はいかに生くべきか。日本という基盤の上に、いかなる技術を打ち立て、それを基にしてどのように生きていくべきか、その発想の基礎は「思想」である。小松氏は、次のように記している。

国家主義から国際主義へ

今度の戦争を体験して、人間の本性というものを見極めたような気がした。色々考えて進めてゆく内に国家主義ではどうしても日本人が救われないという結論を得た。そして我々は国際主義的高度な文化・道徳を持った人間になってゆかねばならんと思った。これが大東亜戦争によって得た唯一の収穫だと思っている。

(昭和二十一年十一月二十五日、カランバンにて)

確かにこれ以外に生きる道はあるまい。しかしこの言葉は、「みんな仲よく、お手つないで」式の、うわついた国際主義ではない。氏は「国際主義的な高度」の文化・道徳の保持を考え、それを「大東亜戦によって得た唯一の収穫」と考えておられるが、同時にその基盤となるべき日本の自立は、日本という独特な位置・風土・伝統に基づく発想、いわば本当の「思想」に基づくものでなければいずれは破綻《はたん》し、いわゆる国際性も成り立たないことを、知っておられた。氏は、「再軍備論者」の考えを、その考えが出てくる十年も二十年も前にはっきりと否定し、また最近になってはじめて問題とされている食糧問題、水の問題、農業問題等にも、目を向けている。

以下にそれを引用するが、これらの言葉が理解されるのに、今ならたいした障害はないであろう。しかし高度成長に酔いしれつつアメリカを批判していた時代なら、多くの人は、氏の発想を一笑に付したであろうと思う。私はこの点で、本書が戦後三十年目に出て来たのは一つの〝摂理〟だと前に記したが、日本の悲劇は常に、この常識的な言葉に人が耳を傾けるまで三十年もかかるということである。

日本再建

多くの将校や兵隊達は、日本が機会を得て再武装し再び戦って再興すると考えているようだ。原子科学時代にこの研究を許されない国民が、鉄の兵器でいくら武装しても何もならない。もう鉄の戦争は終っている。原子科学の時代だ。原子科学のないところに国際的な真の発言権はないのだ。もっとも原子科学の為に人類は滅びてしまうかもしれないが。日本は何といっても国が狭いうえに人口が過剰だ。これをどうやって養っていくか。農業するにも土地も肥料もない、重軽工業の原料もない。これ等を打開する原子科学は禁じられている。日本の前途は暗たんたるものだ。ある人は芸術と道徳に生きよと言っている。しかし、食のないところへ芸術も道徳も発達するわけがない。人口の整理（移民・産制をも含む）か、食料の合成があるだけだ。徳川三百年は産児制限によって保たれたとさえいうが、これからの日本にはこの問題が一番大きく響いてくるだろう。食物の合成は今のところ、確たる具体案がないので残念だ。

日本の農業

農業の最大要素、土地は余りにも狭小で肥料の三大要素の内《うち》リンもカリも輸入によらねばならない。幸いにして日本の軽工業が成り立ち、これにより肥料を輸入して農業をやったと仮定する。しかし、日本の米は相当高価であり農民以外の者は一銭でも安い米を食べようとする。印度《インド》、ビルマの過剰米は必ず輸入されるようになり、日本の米作農業は国家の偉大な保護がなければたってゆけぬ事になる。日本の農業を滅ぼそうとすれば、安い米をどんどん輸入させれば簡単な事で、今後の農業部門も又、多難だ。

確かにこれらの記述には、今にして見れば、部分的には予測が違っている点もある。東南アジアの食糧生産能力はガタ落ちして、過剰米が流入して日本の米作を圧迫することはなかったが、しかし、安い輸入食糧が日本の農業を破滅さすかも知れないという視点に立つ、食糧問題・農業問題全般への氏の見通しは狂っていない。そして、少なくとも石油ショックまでは、日本の農業について、氏のような認識をもち、これへの対策を考えようとする人は少なかった。なぜであろうか。

結局それも、「思想的に徹底したものがなかった事」、従って「基礎科学の研究をしなかった事」に通ずる問題であろう。また重軽工業の原料問題も、数年前なら、氏の考え方は一笑に付されてしまったかもしれない。なぜそうなるか。これらの点で氏は、計算という単純な問題をとらえて面白い「日米比較論」を行なっている。

日本人が米人に比べて優れている点

永いストッケード生活を通じ、日本人の欠点ばかり目に付きだした。総力戦で負けても米人より何か優れている点はないかと考えてみた。面、体格、皆だめだ。ただ、計算能力、手先の器用さは優れていて彼等の遠く及ばないところだ。他には勘が良いこともあるが、これだけで戦争に勝つのは無理だろう。日本の技術が優れていると言われていたが、これを検討してみると製品の歩留まりを上げるとか物を精製する技術に優れたものもあったようだが、米国では資源が豊富なので製品の歩留まりなど悪くても大勢に影響なく、為《ため》に米国技術者はその面に精力を使わず新しい研究に力を入れていた。ただ技術の一断面をみると日本が優れていると思う事があるが、総体的にみれば彼等の方が優れている。日本人は、ただ一部分の優秀に酔って日本の技術は世界一だと思い上っていただけなのだ。小利口者は大局を見誤るの例そのままだ。

計算能力

米人と日本人の個人の計算能力を比較してみると日本人の方が良いように思うと、前にも書いたが、この戦争で両国の最高首脳部が敵国の国力、工業力を計算し合った。米国は日本の力を大ざっぱに大きめに計算し、日本は米国の力を少な目に計算しそれにストライキ、その他天災まで希望的条件を入れて計算した。そしてその答は現実にあらわれてきているが、日本のは計算が細かすぎて大局を逸しているようだ。

「小利口者は大局を見誤る」日本の戦後三十年は、残念ながら氏の言葉を立証してしまった。またこの比較は「といっても、日本の技術にも優秀なものがあったではないか。ゼロ戦などは世界一の折紙をつけられていたではないか」といった反論への答えにもなっている。

確かにわれわれは、外国の基本的な技術を導入して、それを巧みに活用するという点では、大きな能力をもっている。しかしこのことが逆作用して、常にそれですますことができるような錯覚をもちつづけてきた——戦前も、そして戦後も。そのため、全く新しい発想に基づく考え方を逆に軽視する傾向さえある。

以下は小松氏が、将来の日本はいかにあるべきかについて収容所で考えた一案だが、専門的なことは何もわからぬ私でも、あの暴力団支配の収容所で、こういうことを考えていた人にだけ、上記のような批判を下す資格があるように思われる。

日本へ帰ってからの職業

自分は明治製糖と縁を切って出て来たので帰国すれば天下の浪人だ。今後何をすべきか色々考えてきた。サラリーマンではとても暮してゆけそうにもないし、何か事業でも興そうか。今後の日本が最も必要とする事で我々に出来そうな事というと範囲は大分狭められてくる。そこで考え付いた事が四つあった。第一は家畜飼料製造会社だ。方法は空中窒素を硫安として固定し、これを酵母に消化させ蛋白質《たんぱくしつ》（人造肉）として飼料化する事だ。これは実行も簡単で、資金集めをして始めたいと思う。次は、海に無尽蔵といわれるプランクトンを集めて家畜の飼料とする事だ。着想は大は鯨《くじら》、小は鰯《いわし》に至るまで無数の海洋生物が餌《えさ》としているプランクトンを、直接人間が集めて陸上生物の餌とする。このプランクトン採集法は目下研究中だ。第三は熱帯の海岸に群生しているマングローブ樹、これは海水中から真水《まみず》を吸収して生活しているのだが、この海水から真水を分ち取る組織の研究をしたら、海水中の食糧を燃料なしに（少くて）とれるわけであり、又あらゆる溶液から可溶性物質がとれるわけだ。これも大いに研究してみなければならん事だ。第四は、白蟻《シロアリ》にある。白蟻は木材を食べて生きているが、それは彼の胃腸に木材を消化する力があるからだ。木材繊維を分解して糖分にするには、高圧で酸分解せねばならないのだが、白蟻はそんな事をせずに生活している。それは白蟻の消化器内に木材を分解し糖化するバクテリヤが棲《す》んでいて、その菌の作用でできた糖分を白蟻が吸収するというのだがこの菌の生活史をよく研究してみたら木材を簡単に糖化する事が出来るのではないかと思われた。

一体こういう話を収容所で聞かされたら、その人は何と答えるだろう。あなたは空想家で楽天家ですねと言ったかも知れぬ。否、いまでもそういう人があるかもしれぬ。「新しい発想とは何か」

ということを知らぬ人びとは昔も今も、こういう発想を「現実的」とは考えないからである——空中楼閣は現実だと思っても、当時の収容所の人びとにとって、内地に帰るということは、次のような反応を生むことが「現実」だったからである。

PW(五)おとなしくなる

帰国がいよいよ決り、あと何日となると、今まで威張《いば》っていた連中が段々萎《しお》れてきた。彼等の心境を研究してみると、日本へ帰ってから生活してゆく自信がないからだ。今まで小さくなっていた社会的経験者、時代に合った職業、腕を持つ人だけが本当に明朗になり自信に満ちた喜びを味わっている。今までこれらの人にけんもほろろだった連中は急に頭を下げ出した。面白い様でもあり、気の毒でもある。

これが〝現実的〟なのである。そして、これが〝現実的〟であるということが、今まで記した「思想的に徹底したものがなかった事」にはじまる四ヵ条の基本になっている心的態度であった。というのは、すべてがその場その場の情況で支配され、威張ってみたりしおれてみたり、一つの思想に基づく自信が皆無だからである。そしてそれは、戦後三十年の〝現実的〟な日本人の態度でもあった。そしてその意味で、敗戦のこの四ヵ条を、われわれはまだ克服していないといえるのである。

注一　戦後・昭和時代の「天皇誕生日」、現在の「みどりの日」。
注二　フィリピンなど南方地域軍政下に地方行政を行なった文官。
注三　昭和一二（一九三七）年に、〝国家総動員体制を推進するための中枢機関〟として、内閣に設けられた。「革新官僚の拠点」視されたことで重要。
注四　ココヤシ（ヤシ科の常緑高木。ヤシ科の代表的品種で、一般にただ「ヤシ」と言うときは、このココヤシを指す）の果実の核の、含油部分を乾燥させたもの。
注五　「プリズナー　オブ　ウォー」の略称で、〝戦争による捕虜〟のこと。一〇二頁の「暴力政治」の箇所を参照。

第十一章　不合理性と合理性

敗因三　日本の不合理性、米国の合理性
敗因一一　個人としての修養をしていない事

いずれの民族であれ国家であれ、それが人間で構成されている以上、合理性と不合理性があるのは当然である。従って、一個人として、日本人が不合理性をもち、アメリカ人が合理性をもち、それが各々の天性だということはありえない。それならばなぜ「日本の不合理性、米国の合理性」という命題が成立するか。

小松氏は決して、日本人の不合理性、米国人の合理性とは言っていない。事実、一個人として話し合ってみれば、日本人よりはるかに不合理性に富むと思われるアメリカ人はいくらでもいる。また彼らは、組織の中に、歴然とした不合理性を、不合理性としてそのままに置いて、少しも不思議と思っていない。たとえばその一つに従軍牧師《チャプレン》というものが存在し、軍隊内で、軍の一機関として、軍事予算で保持されている。必ず、カトリック、プロテスタント、ユダヤ教の三チャプレンがいて、それが所定の宗教活動を行〔な〕っている。これは、われわれから見ると、実に奇妙に見え、その位置づけは、日本軍の常識では行〔な〕いえない。『虜人日記』にはチャプレンについて、面白い記述がある。

米軍牧師　糧秣《りょうまつ》不足、懲罰断食等で、みな腹が減っている時、米軍牧師が来て、キリスト教信者を集めろという。伝令が、「キリスト教患者集合」とどなっている。久々に吹き出す。集合者には日本語の新約聖書をくれ、これを我々に朗読させて帰ろうとした。その時、中川少尉が、「牧師さん、米国は立派なキリスト教国だというのに、我々捕虜に現在のごとく餓死者の出る様な飢えた思いをさせている。これはキリストの愛の教えに背かんか」と質問した。牧師は、「米国人の全部がキリスト教を本当に信じてくれたなら、皆さんにそんなことをしないでしょうが、米人の内にも、キリストを信じない者がいるので止むを得ません。神様にお腹が減らんよう、お祈りしましょう、アーメン」といって逃げ帰った。聖書は米国で印刷されたものので、米国もなかなか準備が良い。この聖書は後に煙草の巻紙となった。

その後、糧秣は少しも増加しなかったところを見ると、牧師の祈りは効果なかったとみえる。米国はキリスト教布教の大きなチャンスを失った感がある。

捕虜に対してすら、宗教家としてこのような態度しかとりえないなら、一般米兵にとって、どういう位置にあるのであろうか。しかも彼らは将校なのである。

第一、一体この人びとが、軍隊内で、どのような指揮系統の下にあるのかわからない。絶対的対象に奉仕する人が、世俗的組織の中に組みこまれながら、その組織とは別個の権威をもつということは、組織の破壊とはなりえても、強化にはなりえないはずである。端的にいえば、上官の命令と、宗教的権威の働きかけが齟齬《そご》したらどうなるのか。どちらが優先するのか、日本軍なら早速に大問題となるであろう。

日本軍は、外面的組織ではすべてが合理的に構成されていて、その組織のどこに位置づけてよいかわからぬ存在は、原則として存在しない。組織は、それ自体として完結しており、少しも矛盾なき幾何学的図形のように明示できる。各兵科別の指揮系統から各部（経理部・兵器部等）の指揮系統、さらに附属諸機関への指揮系統（簡単にいえば、慰安婦は部隊副官の指揮下）まで、完璧《かんぺき》といってよい。そしてその頂点が天皇であり、完全なピラミッド型になっている。

従って、その組織内でどう位置づけてよいかわからぬ不合理的対象は存在しない。それでいて、まるで不合理が内攻したかのように、すべての組織が何らかの不合理性をもっていた。たとえば次のような場合がある。

セブの街、灰となる

九月十二日の第一回爆撃でセブの町の大半は燃えてしまった。兵站《へいたん》宿舎では何百という兵員が入ったまま、防空演習と間違って退避しなかったので爆死してしまった。屍臭《ししゆう》がぷんぷんとして近寄ることもできない。それでも墨痕《ぼくこん》鮮《あざ》やかに忠霊碑が建ててあった。

こういう〝事故〟に等しい損害は、言うまでもなく組織的欠陥か個人的怠慢が原因で、それ以外には原因は求めえない。合理的組織は、こういう場合即座に欠陥の場所と責任の所在とが明らかになり、従って、この損害を繰りかえさぬための処置と、責任者への調査・処罰が行〔な〕われるはずである。同時に屍体の収容、残存兵器類の処理、またいわゆる戦場掃除による危険物の除去（それは、単に落された不発弾だけでなく、爆死した兵士のもつ手榴弾《てりゆうだん》が不発だったら、これの暴発も危険である）が行われねばならない。

しかし、それらは一切行〔な〕われず、屍臭ぷんぷんとして近よりがたい状態に放置したまま、忠霊碑をたてて終りとする。しかし忠霊碑をたてるのは、元来、戦闘員である軍人の仕事ではないはずである。第一、事故死に等しい死に方をした兵士に「忠霊碑」はおかしい。もしこれが慰霊行為の一種なら、その前にまず、責任の所在を明確にして事故を防ぐべきであり、慰霊に関することは、いわばチャプレンが行〔な〕うべきことであろう――アメリカ軍ならば。

確かにチャプレンは、この事故には責任はない。しかし本職軍人がこれを行〔な〕うことは、この責任のない位置に自らを立たし、忠霊碑を立てることによって、一部の責任を免除されるという結果しか招来しない。

慰霊はもちろん、組織における合理性に基づく行為でなく、はっきりいえば、生死という、人間の合理性では把握できぬ問題に対する非合理的対処である。そしてそれによって死者への〝債務〟がなくなったとするなら、組織における責任の追及は、逆に消失してしまって、一種の無責任体制とならざるを得ないであろう。これが前述の、合理的に見える幾何学的組織が、逆に、一種の不合理を内包して合理性が浮きあがってしまう状態である。

この状態はあらゆる面に出てくる。人間のもつ知識と技術も、指揮系統の中に組みこめない場合があって不思議ではない。

たとえば、ブタノールをつくるという面では、軍属である小松氏が、実質的に、軍司令官を指揮しても不思議ではない。これは、指揮系統の中にいかにその知識と技術を合理的に組みこむかという問題であり、幾何学的な組織から見れば、そこには一種の位置づけのむずかしい非合理性が出てくるはずである。これにいかに対処すべきかは、大きな問題のはずだが、陸軍には、この問題意識が全くなかった。

軍事評論家の秦郁彦《はたいくひこ》氏によれば、このことは、ナチスドイツが最後まで婦人を動員しなかったこととともに、第二次大戦の一つの謎だそうである。

陸軍は最後まで、民間の知識も技術もその組織に合理的に組み入れて活用しようとせず、また、

最後の最後まで知識人にも学生にも背を向けていた。これは志願兵が続出して大学が空になり、一方軍は彼らの知識・教養を百パーセント活用したといわれる米英とは実に対蹠《たいしょ》的だが、さらに、せっぱつまって学徒を動員してもその知識を活用しようとはせず、ただ「量」として、幾何学的組織の中に位置づけることとしか考えなかったから不思議である。

そして量の面で大学生が適格でないなら、内務班(二)でしぼって、鋳型《いがた》にはめこむべきだと考えても、技術とか知識が時には軍司令官に命令を下しうるものだ、それにはどうすべきか、という発想は全くなかった。

この点、小松氏のように、技術者として徴用された人はむしろ例外だが、せっかくこのようにして徴用した技術者を、指揮系統の中に合理的に位置づけることが、またできないのである。

レイテ島

> セブからレイテには飛行機は行かぬというので、機帆船で行くことにした。幸い九月八日にレイテタクロバンに弾薬、糧秣の輸送をする機帆船の船団が出るというので、これに便乗させてもらう。船は五十屯《トン》ばかりの船で、椰子《やし》の葉で擬装し木製の砲を載せた物々しいものだった。荷役《にやく》を終ってセブを出発したのは九日の午前一時、僚船は八艘《そう》。この船団の指揮官は若い少尉で、我々が申告に行かぬといってカンカンになって怒ってきた。実に生意気な奴だ。気分を害す。船長は良き人物にて色々とめんどうを見てくれた。
>
> 海は静かで波一つない。夜明けにはセブとレイテの中間まで来ていた。椰子の実が静かな海面

を漂っている。藤村の「椰子の実」の歌が浮んでくる。イルカの群に会う。

船はタクロバン直行の予定だったがサアマアル海峡にゲリラが出るというので、海峡を夜間通過する為、予定を変えてオルモックに臨時に寄港した。九日、十四時タクロバンの垣《かき》兵団司令部に連絡することになっていたが、酒精工湯はオルモックにあるのと生意気な奴と一緒の船の中にいるのは一日でも少い方が良いので、オルモックで下船してしまった。オルモック警備隊長木村大尉の所に行き、来意を告げ軍民連絡所に宿をとる。この日の夕方、我々の乗ってきた船団は夕クロバンに向け出港したが、タクロバン入港直前グラマンの第一回空襲に会い、全員行方不明となった。生意気な少尉殿のお陰で我々は命が助かった。「冥せよ少尉殿」

これは指揮系統という点から見て行くと、大変に面白い事件である。統帥権に基づく指揮権は少尉にある。しかし実際に船を運航する技術は船長しかもっていないから、実質的な指揮権は船長にあるのであろう。いわば技術と知識が、階級と名目的指揮権を超えて、実質的にはこの少尉をも指揮している。というややこしい状態の中に、文官だが、自分より階級が上の小松氏が乗船して来た。

小松氏は、武官とはいえ階級が下である少尉のところに申告に行く気はない。となると、彼は、指揮官といいながら、あらゆる方面から無視されて、カンカンになって怒る。これも、航海という技術、および小松氏という技術者を、組織の中でどう位置づけたら合理的かという問題意識が陸軍に全くなかった結果であろう。だがそれも無理はない。将官とて、次のような状態だからである。

河野少将

防空壕から出て来た閣下に申告を済ます。閣下曰《いわ》く、「ネグロスの酒精製造の隘《あい》路《ろ》は燃料の薪《たきぎ》の収集にあるのだから、今時《いまじ》分《ぶん》技術者が来てもどうにもならん」危険を冒かし命をかけて来たのに!!　この馬鹿野郎何を抜かすと、腹立たしくなってきた。「そんな貴重な薪だからこそ、それを節約するにもどうするにも技術が必要です」とやり返してやったら、もぐもぐ文句の言いたそうな顔をしていた。長居は無用と引き揚げる。

以上の態度は、あらゆる面で、専門家を排除するという形にもなる。そして、「完全に合理的な組織」と見えるものが、非合理性を含む社会から浮きあがってしまい、その合理的体系それ自体が、虚構の合理性しか持ちえぬ非合理集団と化してしまうのである。

私は、パウロ＝ロナイの人工語の研究『バベルへの挑戦』を読んだとき、合理と非合理のこの不思議な関係に、日本軍を連想した。

人工語は現在では六百語あり、自然語三千の約二割に達する。そしてかろうじて使われているのはエスペラント語だけだが、それも、世界語として使われているのでなく、結局、少数者の使う言語を一つふやしたという結果しか生じていない。そしてその特徴は、実は、あらゆる人工語の中で最も自然語に近い点にあるという。他の人工語は、もっと徹底して合理的なものであった。

人間は、言語の不合理性に悩み、多数の言語の存在は意思の疎通を害するから、完全に合理的な言語ができれば、すべての人がこれにとびつきそうに見えるが、実は、この六百語はすべて、それが出来あがった瞬間に消えた。まことに不思議である。この人工語作成のため、多くの人が生涯を費やしたが、その人の名も、言葉が消え去ると同時に忘れられた。

名目的合理性というものが、非合理を含む現実から遊離して、決定的な非合理となり、一方、非合理を自らのうちに含む組織が、その非合理を含むがゆえに非合理的な現実を逆に合理的に組織しうるということであろう。

そしてこの点において、比島における日本軍の完全な失敗は、軍政、特に経済政策であった。ある意味で日本軍は、米軍上陸前にこの面で敗北していたといえる。

軍部は、現地自活方式をとらざるを得なくなり、小松氏もそのために比島に派遣されたわけだが、現地で自活するには現地の経済をどのように再編成すべきかという意識は全くなかった。否、現地の経済の分析すらしていなかった。そしてただ軍票（二）を発行して物資を購入していれば、現地の事情も大して変化なく、自分たちも自活していけると考えていた。

もちろん軍は、経済の専門家を現地に派遣した。しかし、前に「変人会」のところで記したようにその人は「司政官となって比島にきた。着任直後、低物価政策を進言したが、軍人には理解できず彼の説はいれられなかった」で、いわば小松氏に対して河野少将がとったような態度で、無視されたわけである。そして軍は、経済的支配権の確立に対しては、ただ比島全部を軍の組織に組み入れて弾圧すればよいと考えていた。だがその結果、おそるべき急激なインフレに見舞われた。

インフレーション

比島地区のインフレーションは比島独立の日から始まったという、独立前は物資もあったし、日本軍の勢力も強かったし、軍政の弾圧もあったのでどうやら収まっていたが、独立後は物資も無くなる、日本からは兵員だけで物資は何も来ない、戦勢は不利と、あらゆる条件が備《そなわ》ったので物価は十日で倍々となっていった。空襲後は空襲のたびに騰貴《とうき》(三)した。

十九年の三月、マニラに着いた時は物価は既に大分上っていたが、それでも靴が一足百ペソ、ウェストポイントの服上下で百二十ペソ（内地の闇相場位《ぐらい》）、バナナ一本二十セント、カラマンシイ一ヶ一セント、淫売《いんばい》は五ペソ位だったが六月頃には靴は二千ペソ、服も二千ペソ、バナナ一本一ペソ、淫売は割安で五十ペソ位だった。

このインフレはどこまでいくか見当がつかなかった。ちょっと飯を食べても二、三百ペソ、頭を刈れば二十ペソ。これでも安月給（月七十―三百ペソ）の軍人、軍属は生活していた。それは偕行社《かいこう》(四)で安く売ってくれる物や配給の煙草を金に換えたり、物々交換をしてである。民間人は随分とこれらの人に貢《みつ》いだり、たかられたりしたものだ。

軍はこれに対する策は全くなく、唯《ただ》五百円、千円というような札を出して通貨をいやが上にも膨張させた。この頃は乞食《こじき》でも一ペソ位の札では受取らなくなった。当時の日本の経済力、いや実力の偽らざる指数だったのだ。

バコロドに来て山に入る準備の為、二月の末に長袖《そで》のウェストポイントの上衣一着を一万五千円で買った。そしてそれが少し大き過ぎたので、仕立直しをやったら三千円取られた。もっともこの支払いは製糖会社で使う木綿糸《もめんいと》四巻で決済された。

この頃は月給など誰も相手にも、問題にもしていなかった。町で二等兵殿が十円札を切っているのをよく見かけた。シャツ一枚売れば七千円程になるので、もう金のことを言う人はいなくなった。札を持って買物に行くより布切か煙草を持って行った方が手軽とまでなった。

このような事態は至る所に現出する。否、日本全部が同じ状態だったと言ってよい。なぜこうなるのか、その基本には何があったのか。

一言でいえば、これが「ものまね」の結果である。一つのものを自ら創作したものは、自分で創作したのだから、また新たに創作しなおすことができる。否、そういう社会では、創作とは常に、今までのものを創作しなおすことにすぎない。いわば、自著だから改訂をつづけることができるという状態である。

一方、「まね」をしたものは、こうはいかない。簡単な例をあげれば、「日本版マスキー法」と同じ形になってしまうのである。マスキー法(五)をつくった者は、これを自由に改訂できる。しかしこれを、一つの「権威」として輸入したものは、「権威」であるがゆえに、動かせなくなるのである。

そして、その際必ず出てくるのが「本家よりきびしくしておけば大丈夫」という行き方であり、それは同時に、「本家よりきびしいのだから、自分の方が本物だ」という主張にもなる。組織の絶対制とか、軍紀のきびしさ、礼法の厳密さ、という点では日本軍は、世界のあらゆる軍隊よりきびしく、融通がきかず、そしてこの融通がきかないことを、逆に、一つの誇りとしていた。従って、組織そのものを見れば超合理的でありながら、現実から遊離した、完全に不合理なものとなっていた。

そしてそのことは、日本軍のすべてが、日本人の実生活に根づいておらず、がんじがらめで、無理矢理に一つの体系をつくっていたことである。そのため、すべての人間が、一言でいえば、「きゅうくつ」でたまらない状態に置かれていた。そしてこの「きゅうくつ」を規律と錯覚していたのである。

私は戦後、収容所の中でアメリカ軍との、この差をつくづくと感じた。彼らの軍隊は、いわば、その国の普通の市民生活の生活の型の上に成り立っているのである。軍隊には「気をつけッ」という姿勢がある。いわゆる「不動の姿勢」であり「不動の姿勢は軍人基本の姿勢なり」ゆえに「内に軍人精神充実し、外、厳粛端正ならざるべからず」といわれていたが、アメリカ人においては、これが、市民の規律正しい姿勢であり、軍隊だけの姿勢ではない。由緒あるレストランのウェイターが、礼儀正しく立っている姿勢がすなわち不動の姿勢であり、それが軍隊でも同じだというだけである。

しかし、今よりも畳の上の生活が自然であった日本人にとっては、これは、社会の基本の姿勢ではない。したがって、こういう姿勢をとらされるということ自体がきわめて不自然なことであり、苦痛を強《し》いられることにすぎない。

以上はいわば「基本的姿勢」だが、これがすべての面に現われている。彼らの、スタッフ(六)とライン(七)で構成される組織は、彼らの社会に共通の組織であり、軍隊組織も会社組織も大学も、基本的には変化はない。

すべての組織で、その細部とその中での日常生活を規制しているものは、結局、その組織を生み出したその社会の常識である。常識で判断を下していれば、たいていのことは大過ない。常識とは共通の感覚《コモン・センス》であり、感覚であるから、非合理的な面を当然に含む。しかしそれはその社会がもつ非合理性を組織が共有しているがゆえに、合理的でありうる。

しかし輸入された組織は、そうはいかない。その社会の伝統がつちかった共通の感覚は、そこでは逆に通用しなくなる。従って日本軍は、当時の普通の日本人がもっていた常識を一掃することが、入営以後の、最初の重要なカリキュラムになっていた。

だがこの組織は、強打されて崩れ、各人が常識で動き出した瞬間に崩壊してしまうのである。米英軍は、組織が崩れても、その組織の基盤となっている伝統的な常識でこの崩壊をくいとめうる。この点で最も強靭《きょうじん》なのはイギリス軍だといわれるが、考えてみれば当然であろう。だが、日本軍は、全くの逆現象を呈して、一挙にこれが崩壊し、各人は逆に解放感を抱き、合理的だったはずの組織のすべてが、すべて不合理に見えてしまう、——そして確かに、常識を基盤にすれば、実際に不合理だったのである。

言うまでもないことだが、一つの伝統は気質を生み出す。そして気質を生み出した基盤と組織を生み出した基盤は、同じものである。同じものだから、この二つは一種の相補性をもって、互にプラスに作用し合える。しかし、輸入した組織はそうではない。それは気質と組織を鋭い対立関係におき、その内部の人間につねに無用の緊張を強いるのである。

小松氏は、次のような面白い例をあげておられる。

米人気質

米軍の兵舎付近で作業をしている時、ＰＷ[八]がいくらさぼっていても係のガード[九]以外は例外なしに干渉しない。日本人だったら何とか言ってみるところでも、この点は感心もするし、助かりもする。また、米軍同士でも、一方では事務所で忙しそうに仕事をしているのに、隣室では非番の者が、朝からレコードをかけたり、バクチをやったり、キャッチボールをやったり、ビールを飲んだりして騒いでいる。遊ぶ方も働く方も、全然関係の無い様な面をして、少しも遠慮せずにいる。日本人にはできない事だ。

人の事に口を出さん彼等の習性は、大いに見習うべきだ。

彼らの組織は、この彼らの気質にマッチしているから合理性をもちうる。しかし気質の違う日本人が同じ組織の中にいたら、それこそ無用の緊張の連続である。

だがこの状態は、何も戦前の日本だけの特徴ではない。戦後もさまざまな「合理的」な組織体制を輸入した。そしてそれらは全く同じ形をとっている。自分で憲法をつくったものは、自分で改定できる。しかし輸入してこれを「権威」としたものは改定できない。同時に、「輸入よりきびしくしていればよい」であり、また、自分の方がきびしいから自分の方が本物の「民主主義」だ、である。だがその国家組織の末端は、市民の日常の常識とも気質とも必ずしも合致せず、従って、常識で国政の運営を見ていれば、政治家はすべて、過去の軍人の如くに非常識な存在に見えてくる。

どうしてこんなにまで、日本軍的行き方をするのかと時には奇妙な感じもするが、しかし考えてみれば、こうなるのが当然なのである。輸入された最も合理的なはずの組織が、逆に、最も不合理なものになってしまうのだから――。

そしてこういう純人為的な輸入組織から解放されたとき、人びとは、大きな解放感を味わう。そして、その反動で、今までと全く逆の無組織状態となるが、その無組織状態は、常識に根づいている伝統的秩序に基づく組織さえうちこわす。小松さんは次のように記している。

反動

長い軍隊生活の反動か、PWは整列したり、号令で動くことが大嫌いでまるで烏合《うごう》の衆だ。規則を守ることも大嫌いだ。PWを指導することはなかなか難しいことだ。

明治維新に封建制度の反動で旧物打破と称し古い物はすべて捨ててしまった。其《そ》の無意識に捨てられた物の中には可成り良い物が沢山《たくさん》あった筈《はず》だ。軍国主義的なものの中にも良いものも少しはある筈だ。良し悪《あ》しの鑑別をしてから革新してもらいたいものだ。

自己の伝統的組織の延線上にあるものは、この状態を現出しない。それは、日本軍に収容された米英人や、同じようにシベリヤで虜囚だったドイツ人の、日本人捕虜との対比によく現われている。だがそのことは、必ずしも、日本人が無秩序民族だということではなく、自らの伝統的合理性に基づかない組織の中に強制的に組みこまれ、これが逆に、伝統的秩序をさえ破壊してしまったということであろう。それは小松氏の次の記述に示されている。

軍隊の階級意識失せて人間の階級現わる

投降後も、昔ながらの軍隊の階級を保持しようと、上級者は常に努めていた。そして投降当時は、一時的ではあったが階級がばかにやかましくなり、「米軍も我が国の階級を認めているから」と二言目には口にしていたが、実力のなき者、人格のなき者は月日がたつにつれ、段々とうとんぜられ、階級章が米兵のお土産となるため煙草と交換され尽くした頃（四ヵ月目位）には、階級を振り回す者は、余程の馬鹿以外なくなった。一方下級者の中には、階級がなくなった事は自分が偉くなったものと思い違いして、威張り出す大馬鹿者も沢山いた。そして一時は混沌《こんとん》として来たが、時のたつにつれ、色々の事件、仕事を通して、人徳のすぐれた人、社会的に実力のある人、腕力のある人等が段々尊敬されてきた。自然と人間としての階級が現われてきた。

部隊長級の将校の中にも、極少数は肩章をはずしても人間の階級中上位に座る人があった。こういう人の部隊は戦争中よく戦い、強い部隊で、部下を完全に掌握していた事も段々分ってきた。日本軍の礼儀教育は肩章の星の数に対する礼儀だったので、人間、いや一般社会の礼儀とは大分違っていた。日本軍隊の大きな過《あやま》ちのひとつだ。

英国の将校は、知能・知識はもちろん、腕力の点ですら、兵よりまさることを要求されているという。いわば、この収容所の自然発生的「人間の階級」が階級であらねば、指揮などできるはずはないという、きわめて常識的な発想に基づいているのである。そして、人間の組織が一つの合理性をもちうるなら、この点にしかその基準はないであろう。

こういう組織なら、いくら強打されても崩壊することはありえないが、それを遊離したものは、いかに幾何学的完璧《かんぺき》さを誇ろうと、虚構の組織にすぎず、一瞬にして崩壊しても不思議ではない。この不安は常に内蔵され、それが逆に無意味な権威づけと虚勢になる。一言でいえば「からいばり」であり、大仰なジェスチュアとスローガンと大声によって、人びとの思考と探究を停止させ、いわば個人を思索的に骨抜きにすることによって、虚構の世界に組み込もうとするわけである。これが、一つの大きな不合理として現われてくる。

独系の米兵がいうのに、米国は徹底した個人主義なので、米国が戦争に負けたら個人の生活は不幸になるという一点において、全米人は鉄の如き団結を持っていた。日本は皇室中心主義ではあったが、個人の生活に対する信念が無いので、案外思想的に弱いところがあったのだという。

思想的に日本は弱かった

個人としては、天皇も東条首相もまた大本営の首脳も、何一つ、静かなる自信をもっていなかった。また確固たる思想があるわけでもなかった。従って、一個人の目から見れば、それは自分の生涯には全く関係なき、一つの無目的集団であった。

実際、日本軍自体が具体的に何を目的として行動していたかは、いまともなると、だれにもわからない。ましてそれがどう行動しようと、各個人の生活は、それによって被害をうけることはありえても、何らかのプラスになりうるとは、だれにも考えられなかった。

アメリカ人は、自己の生存と生活を守るというはっきりした意識の下に戦争に参加した。しかし日本人は、自己の生存と生活を守るためには、何とかして徴兵を逃れようと、心のどこかで考えていた。従って、戦争に参加せざるを得なかった者には一種の空虚感があり、徴兵を免れた者への羨《せん》望《ぼう》があった。そしてこの空虚感は虚無感となり、何も思考すまいとは考えても、自らの思想を、あらゆる意味の修養という形で形成して行こうなどとは、だれも考え得なかった。

だが、このことは、何も日本軍だけの問題ではなかったと私は思う。小松氏は日本人の特徴として「教育があって教養がない」と記しているが、これは、輸入の体制がつくり出す、一つの人間像でもあろう。すなわち、共通の感覚とそれをつちかった伝統のつくり出した気質から遊離した教育の階梯《かいてい》をのぼって行くことは、過去の軍人がその階級をのぼって行くのと、似た現象とならざるを得ないからである。

ここで小松氏の言っている「修養」は、いまでいえば教養の蓄積ということになるであろうか。だが、そういうと、いわゆる「教養人」と間違われるが、氏のいう「教養」「修養」という言葉は、次の事例にその意味がはっきりと出ていると思う。

米兵と日本兵

米兵と日本兵の教育程度を比較してみると、日本兵の方がはるかに上だ。日本兵には自分の名の書けん者はいないが、米兵にはたくさんいて、字が書けてもたどたどしいのが多い。おもしろいのは英語の発音も米兵によってはかなりでたらめのが多く、それで日本兵のインテリにその発音はまちがっていると言われ、憤慨して大議論となり終いに米将校に判決してもらう事になり、将校はＰＷに軍配を上げた。

又、医務室によく遊びに来たムーンという米兵に産まれはどこかと聞くと、紙の上に四角をかきその隅に丸を付けここが自分の町だという。何の事かさっぱり解らなかったが、よく考えれば米国の州の境界は緯度経度で区別しているので絵に描くと四角になるわけだ。四角だけいきなり書かれたのでは訳が解らないし、太平洋がどちら側にあるかも知らなかった。

又、米兵に数学の問題、マッチの軸の考え物などさせると、なかなか解らずおもしろい。教育の程度は一般に低いが公衆道徳や教養は高いようだ。

文字が読めない教養人がいて少しも不思議ではない。だがしかし、そのことは、高度の学歴をもつ無教養人がいてこれまた少しも不思議ではない、ということではないはずである。しかし日本で、このことが意識され出したのは、ここ二、三年のことではないかと思う。われわれが、今までのべて来たような状態から脱しうるのは、おそらく、これからの課題であろう。

注一　野外での動作を除く〝すべての兵営の日常生活〟のことを「内務」と言い、その生活を送る二〇人前後用の大部屋を「内務班」と呼んだ。

注二　戦時に軍隊が、正規の紙幣や硬貨の代用品として発行する、戦地用あるいは軍用の、紙幣・硬貨。

注三　〝（物価が）上がること〟を言う。

注四　明治一〇（一八七七）年に、靖国神社（当時は、招魂《しょうこん》社）の近くに作られた陸軍将校用の集会所を端緒とする、陸軍将校のみというメンバー制の親睦《しんぼく》クラブ。

注五　アメリカで、一九七一（昭和四六）年一月に発効の、〝大気汚染防止法の改正法〟のこと。

注六　次の「ライン」に対する語。専門的知識を活用して、経営者などに助言や補佐を行なう部門や、その部門の者。つまり、企画・監査・技術などの部門や、それらを行なう者。

注七　右の「スタッフ」の反対語。〝局長、部長、課長…〟というタテ系列や、〝その系列に属する者〟のこと。すなわち、製造・営業などの部門や、それらを行なう者。

注八 「プリズナー　オブ　ウォー」の略称で、〝戦争による捕虜〟のこと。
注九 〝護衛兵、看守〟の意。

第十二章 自由とは何を意味するのか

(一)

「軍の計画はその意気を示すだけである」と言った人があったが、歩いてみて、つくづくそう思わざるを得ない事ばかりだ。前提条件を示しても、彼等が上官に報告する時はその前提は捨てている。アルコールの生産、米の増産、誠に結構な話ばかりだ。然《しか》し現在の困難な問題は捨てて下僚《かりよう》(一一)の責任とし、現実を忘れた机上計画を並べたて、企業に権威ある人の出した事業の案を無視して、作戦の資料にしているに過ぎない。今から思えば無根の戦果を宣伝し、われわれの仕事に対する判断を誤まらしめている。これは軍人そのものの性格ではない。日本陸軍を貫いている或る何かの力が軍人にこうした組織や行動をとらしめているのだ。

(二)

何故《なぜ》日本は戦争をしなければならなかったのだろうか。今ここにいる非戦闘員達は何が故にこうして逃げのびなければならないのだろうか。閣下の名案のため非戦闘員の女までが犠牲にされてるのではないか。厳しかった訓練は前の渡河の時どう言う役に立ったのだ。平原で女子供に教えこんだ竹槍《たけやり》は目的なく逃げるために必要であったのか。一体何のために山の中へ遁入《とんにゅう》するのだ。敵と切りちがえて死ぬ程闘う部隊は一つもいないで弱い者に威張って逃げ回るだけではないか。これでも未だ戦っている意味があるのだろうか。つい先日まで自分達の技能が最後になっても役に立っていることとの喜びはこう思うと馬鹿馬鹿しくなってきた。充分に訓練された兵でさえこうして逃げるだけなのに、幾千万の婦女子を混《まじ》えた日本国民全部が、祖国に殉ずる事実があり得るだろうか。だがそう思っても尚《なお》敵に降《くだ》ることは何となくいやだ。今迄自分の為すべきことは為し遂げてきた。勝負は誰の目にでもはっきりしている。どうしてよいか自分にもわからないのが事実だ。子供の頃からの誤まられた教育による意識が、本能的なものにまでくい入って、思考と行動との矛盾を解決できなくなってきているのではなかろうか。

以上は『虜人日記』からの引用ではない。小松氏と非常によく似た境遇にあった国鉄の技師、小谷秀三氏の記述《(二)》である。小松氏と小谷氏は全然面識なく——というのは一方はネグロス、一方はルソン、収容所も帰国日時も違い、同じ技術者だといっても一方は化学、一方は鉄道運輸――、その著作が相互に読まれたことも全くないのに、その記述の中には不思議なぐらい、よく似た感想が記されている。

これらの感想が、戦後何年かたって後の感想なら別に不思議でないかもしれぬが、問題は、これが双方とも、その時点・その場所あるいはその直後の感想であるという点である。そしてこのことには、二つの問題が提示されているであろう。

一つは、これらの潜在的意見――それがおそらく国民大多数の常識的意見だったわけだが――それがなぜ世論になり得なかったか、なぜそれが国の基本方針となり得なかったか、一言でいえば、なぜ常識が判断の基準になり得なかったか、ということ。もう一つは、その事実がなぜ戦後に正確に知らされず、人びとが戦前に対して普遍的な一つの虚像をもち、この虚像との対比において戦後を正当化するという、奇妙な状態に陥らざるを得なかったか、なぜ、戦前からの常識の延長線上にいると考え得なかったのかという問題である。

以上の問題がなければ、人びとが『虜人日記』に興味を示すはずはなく、こんなことはわかり切ったことだ、言われつくしたことだ、というはずだからである。

なぜか？　それを解くことが、戦前・戦後を通ずる、われわれのもつ最も大きな問題点を解くことだと思われ、それを解く鍵《かぎ》もまた、この『虜人日記』の全編に、というよりこれを記した著者小松氏の基本的態度にあると思われる。しかしここでは先ず『虜人日記』とはなれて、小松氏の視点を他の資料からさぐってみよう。

最近、『旅』という旅行雑誌の昭和十二―三年版を読む機会があった。十二年といえば日華事変のはじまった年、その十二月十三日に南京攻略があり、今では知らない人のいない〝南京大虐殺〟があり、十三年に入ればすでに戦時一色のはずである。というのは、この年はいわゆる昭和十五年戦争のほぼ中央の年だからである。そして当時の新聞はすでに戦時色に塗りつぶされ、戦後のさまざまな〝昭和史〟では、暗い暗い戦時下の日々となっている。

そういう〝先入観〟をもってこの『旅』を読むと、そこに感ずる意外性は、『虜人日記』から受ける意外性と、ある共通面をもち、その面でうける衝撃は、『虜人日記』より強い場合があるとさえ言えることに気づく。

人は、一つの通常性――これは日常性といってもよい――のもとに生きている。これは昔も今も同じであって、角栄ブームだ、中国ブームだといわれようと、神武以来の大不況だといわれようと、殆《ほとん》どすべての人の日常性には、大差はないといえる。

否、倒産がふえたではないか、と人は言うかもしれない。しかしブームのときでも倒産はあったし、倒産による失業もあった。いまかりに、「今年は出版社三百社倒産」と報じられれば、大恐慌のように感じられようが、出版社は毎年約三百社ずつ倒産していて、今年だけのことではない。

また、一見そういう恒常的状態とは違うように見えるケースも、ブーム時にすでに実質的に倒産状態にありながら、そのムードを利用して何とか粉飾決算でごまかしていたものが、ムードの変化で表面化したにすぎないものもある。こういう場合は、その倒産は実質的には不況とは関係ない。従って、それはその企業の通常性（日常性）が当然に倒産に至ったというだけである。

このことは、三十年前の敗戦が、戦争という異常性に基づく崩壊でなく、明治以来の日本の通常性が生み出した一つの結末にすぎないことの暗示にもなるであろう。崩壊は一つの通常性として進行していた。これは「敗因二十一ヵ条」の前文で小松氏が記している通り、「日本の敗因、それは初めから無理な戦いをしたからだといえばそれにつきる」のであって、結局、問題の根本は、「なぜ、はじめから無理な戦いをする」結果になったか、という問題にもどって来る。

従って、否応《いやおう》なくこの状態に至る通常性の探究が必要となるわけだが、それにはまず、『旅』に見られる日本人の「通常性」と、新聞に見られる「意外性」がそれぞれどういうもので、それがどういう形で日本に作用して行ったかを探ってみなければならない。

『旅』は旅行雑誌である。雑誌である以上ニュース性の追究はある。南京攻略に際して、南京へ特派員を派遣したこともそのニュース性のゆえであろう。

ニュースの本質とは、いわれる如く、〝意外性〟であり、それが「ノー・ニューズはグッド・ニューズ」という言葉にもあり、「犬が人にかみついてもニュースにならぬが、人が犬にかみつけばニュースになる」という言葉にもなる。

しかし旅行記の意外性はこれと質を異にしている。すなわち、行った土地の通常性（日常性）の中に意外性が見られ、それが興味の中心になるのが旅行記であって、そこで何らかの意外な事件が起る必要はないのである。

『旅』の記述の視点はそこにある。そしてこの記者は、十二月十三日に中山門から南京に入り、その間に見たことを正確にスケッチしている。ということは、軍の発表でも従軍記者の記述でも、日本軍突入時と記されている日時に入っているわけであって、大激戦を見、銃声・砲声・轟音《ごうおん》を耳にし、虐殺の屍体《したい》の山を見ているはずである。

ところがこの記者は、まるで散歩でもするように、城門に近づき、途中でオートバイに乗せてもらって城内に入り、たった一人ですぐに、城内見物のため歩きまわっている。発表では掃蕩《そうとう》戦の最中であり、いたるところに銃弾がとびかっているはずであり、毎日新聞「百人斬《ぎ》り競争」の浅見記者の記述によれば、この時点で中山門では、戦車隊の決死的突入があり、同じく鈴木特派員によれば、屍体の山の上を戦車が突入して行ったはずである。

ところが彼は、何らそういうものを見ず、銃声さえ耳にしない。二体の屍体の描写があるが、それは数日前から（ということは日本軍突入以前から）放置されているもの。彼が見た戦争らしい痕《こん》跡《せき》はそれだけである。そしてすぐさま孔子をまつる夫子廟《ふうしびよう》へ行く。

夫子廟には仲見世があって、どうも秋葉原のようなところらしく、そこにはラジオや電気器具の店がずらりと並んでいる。彼はそれをひやかして歩く。そして彼が記している意外性は、「孔子の廟の仲見世に電気器具の店が並んでいた」という意外性なのである。だがこれは、南京の市民にとっては通常性であり、彼はこれが通常性であることの中に、一つの意外性を見ているわけである。

南京に関する当時の新聞記事が、いかにひどい虚報であるかは『私の中の日本軍』で詳説したから再説はしない。だが、この虚報と実報の差の底にあるものは、前者が、思いもよらぬ事件を創作して意外性をつくり出し、それで読者の目をひこうとしているのに対して、後者が、あくまでも相手の通常性に意外性を見ようとしている点にある。

そしてこの「虚報」をつくり出しているものが、小谷氏のいう「日本陸軍（というよりむしろ日本人）を貫いている或る何かの力」なのである。

そしてその力の一部は、前者には、国民を戦争にかり立てる、乃至《ないし》は心理的に戦争と軍部を支持さすためのプレス・キャンペインという形で働いているのに対して、後者には働かず、その記述はただ、相手の通常性を情報として正確に伝えようとしているにすぎない、という形になっている。南京のことをどう書こうと、旅客誘致ができるわけはない。従ってこれは全く他意のない「情報提供」しかも通常性に関する情報の提供であり、それで終っているのである。

いま南京をあげたが、これは一例にすぎず、この二つの差は、実は、あらゆる点に出てくる。当時はもちろん、国内旅行が大部分である。従って国内のさまざまな地方のルポがある。確かにところどころに戦時色らしいものがあり、それは戦局が進展するとともに、徐々に濃くなって行き、年一年の違いははっきりとわかる。

しかし、これとて当時の新聞の社会一般や各地方に関する記事とは全く違う。前者は、記しているのがあくまでも通常性であり、その通常性の中に徐々にしのび込んでくる戦争の影響をそのまま記しているのに対して、後者にはある「力」が作用して、これでもかこれでもかとあくまでも戦意を盛りあげ、国民精神総動員で、人びとを戦争にかりたてるための記述となっている。

その記事はまさに、「軍の計画はその意気を示すだけである」と小谷氏が記しているその状態と同じであり、新聞がその意気を示しているだけで、それが国民一般の生活もしくは考え方の通常性・日常性とは無関係なのである。当時の新聞記事だけで戦前を再構成するなら、それは、大言壮語する参謀の言葉を収録してこれが日本軍だというに等しくなってしまう。

言うまでもないが、小松氏が記しているのは、戦地・戦場・ジャングル・収容所の通常性であり、ある意味では「旅行記」であり、ある「力」に作用されていない記述である。そしてそこで行〔わ〕われた通常性・日常性の中に読者は意外性を見、その意外性が通常性であったことに驚くのであっても、何か特別な想像に絶する異常事件――「百人斬り競争」といったような――の創作に驚かされているわけではない。そしてこの通常性は、十二月十三日の南京の正確な通常性が知らされなかった如くに、戦前・戦後を通じて、結局、知らされることがなかったわけである。

もう一度いうが、その通常性を人びとが知っていれば、『虜人日記』が読まれるわけはないし、また、私が「やっと本当の記録にめぐりあえた」と思うわけもない。そしてその感じは、昭和十二―三年の『旅』を読んだときにも感じた。結局、この当時の通常性が、逆に今では意外性として受けとられることを。

これは結局、すべてが歪曲《わいきょく》されている、ということにほかならない。そしてこれを歪曲させているものが、小谷氏のいう「力」なのである。

この状態――すなわち、ある力で「日常性という現実を意識させないこと」が逆に一つの通常性になっているため、自分が本当に生きている「場」を把握できなくなっている状態、これが日本を敗戦に導いた一番大きな原因であろう。簡単にいえば、自分の実態を意識的に再把握していないから、「初めから無理な戦い」ができるわけである。なぜこういう事態を生ずるのか。それを生ぜしめ、その実施者である軍を拘束していたその「力」とは何なのか。

現象的に見れば、いわば最も浅薄な、そして戦後の常識的な見方に立てば、「だまされた」ということ、マスコミの誘導たとえば「日本刀で百人の敵を倒せる」といった現場にいた人間には全く想像さえできないことを信じこまされた、ということになる。

だがもしそうなら坂口安吾氏が記されているように、「そんなにたやすくだまされた」という事実こそ、非難さるべき状態のはずである。マスコミは、ある意味で、その一民族の姿がうつる鏡であろう。それなら、探求すべきは、そうやすやすとだまし得た「力」は、果して何だったのかである。

前記の現象面のもう一歩奥の現象面を見れば、なぜ、日常性に依拠した思考体系が成り立たなかったのか。なぜ、自らの日常性を一つの思想体系として構成してみて、そこの中の非合理性を追究してこれを排除し、ついでその体系を社会にあてはめて改革し、またそれを基にして体系を立てるという作業ができなかったか、という点になる。

戦前は確かにこれができなかった。そして戦前ならその理由は、「だまされた」で逃げることも可能であろう。では一体、なぜ、戦後にもこれができず、戦前と全く同じような思考図式の中にはまり込んだのか、という疑問が出てくる。

いま、戦前と全く同じ思考図式にはまり込んだと記した。事実、私のように、人生の半ばを戦前、半ばを戦後におくった人間には、この二つに思考図式の差は認めがたい。戦前は、明治維新前の体制が否定され、徳川期は暗黒時代と定義された。藤村の小説『夜明け前』の表題は、維新前を「夜明け前」と把握しているわけで、これは当時の人びとが、心底から疑わなかった常識である。そして明治の〝夜明け〟の思想に基づいて、日本の過去の歴史を、それに適合するように再構成した。そしてそれを信じないものは非国民だった。

これと全く同じ図式が、終戦とともに起る。終戦直前は、戦後民主主義の「夜明け前」であり、明治から昭和二十年までは暗黒期になる。そして、新しいマッカーサーの〝黒船〟とともに夜明けが来ると、以後は、この戦後民主主義の思想に基づいて過去の歴史を再構成してしまう。そして、これを信じない者は、保守反動であり民族の敵、平和の敵と規定される。

たとえば、本多勝一氏のような考え方に立てば、「百人斬り競争」を事実と信じない者は平和の敵だ、ということになるのであり、これは「爆弾三勇士を虚構という者は非国民」とする戦前の超国家主義者と同じ発想である。

そしてこれが繰り返されている限り、われわれは常に「再構成された過去の虚像」の支配をうけ、その「力」に従うことを強要される。これが「日本人を貫いている或る何かの力」の表われであり、その力が「軍人にこうした組織や行動をとらしめている」如くに、マスコミにも一般の指導者にもそうした行動を「とらしめて」おり、それに基づいて再構成された情報しかうけとれない形にされることによって、日本人全部を統制してしまう。従って、太平洋戦争的発想が戦後にさまざまな面に表われて来ても、そのこと自体は少しも不思議ではない。

一体なぜこう「力」の束縛から逃れられないのか。というのは、それは明らかに束縛乃至は呪縛《じゅばく》ともいうべき拘束力であって、日本人そのもの、すなわち、「そのもの」が示す日常性すなわち通常性は、どんな意外性的大事件があっても、全く変らず、連綿とつづいているからである。小松氏は次のような面白いことを記述しておられる。

終戦

八月十八月、兵団から「終戦になったらしい」という事が正式に伝えられてきたが、皆余り驚かなかった。兵団長の所へ参謀連が集まってきた（参謀は渡辺中佐、有富少佐、鈴木少佐の三名だったが、馬鹿閣下と一緒に暮すのが嫌なので、何とか理由を設けて遠い所に住んでいたので、集合は大変だった）のは十九日で会議が開かれた。終戦のビラは撒《ま》かれたが、サンカルロス方面に出ていた六航通がラジオを受信してから皆本当に信ずる様になった。河野少尉が渡辺参謀の伝令としてやって来た。六月以来久々の対面だが相変らず元気だった。彼の話によると「皇位の存続を唯一の条件として八月十四日に無条件降服した」という、一同声もなく、誰か溜息《ためいき》をした。

渡辺参謀から、「我々は大命に依り戦い、大命に依り戦いを終るのだから軽はずみな事をするな」と注意があった。六航通のラジオ（友軍唯一のもの）で広島、長崎の原子爆弾の事も聞いた。参謀会議の結果、山口部隊からバコロドへ、六航通からサンカルロス方面へ軍使を出して米軍と今後の打ち合わせをする事になった。それにネグロス最高指揮官河野中将の正式の手紙を米軍指揮官に宛《あ》て書き送る事となった。この手紙を兵団から六航通の中谷部隊長の所へ届ける役目を河野少尉がする事になった。坪井隊はサンカルロスの近くにいるというので、連絡の為《ため》一度行きたいと思っていたので当番の堀内二等兵を連れて河野少尉と同行する事にした。

八月二十日住み慣れたこの盆地と別れた。船越少尉を中心とした嫌《いや》な雰囲気から抜出るのは良い気分だった。渡辺参謀は明野盆地に私物の整理に行くというので、参謀の当番と河野少尉の当番と計六人で行を共にした。渡辺参謀は戦いの事はもうすっかり忘れたという態度で、東京にある家作の心配をしきりにしていた。

途中、河野中将の手紙を見せて貰《もら》う。内容は「ネグロス日本軍最高指揮官陸軍中将河野〇〇、勇武なる米軍最高指揮官に最高の敬意を払ってこの書を送る。貴軍の好意に依るビラ、並《ならび》に日本のラジオ放送に依り日本が無条件降服した事を知った。ネグロスの日本軍の指揮は余の取る処だが、自分はセブにいる福江中将の指揮下にあるから、この指揮により貴軍に降服したいと思う。然し日本軍はセブとの通信が出来ぬ故、貴軍に於《お》いて連絡を願いたし。重ねて勇武なる米軍最高指揮官に敬意を払う」というような事が小さな紙にペン書きの小さな日本字で書かれた。

以上は簡単にいえば、終戦決定の報に接したときの軍司令官・参謀といった人びとの「条件反射」的な態度である。いわば本心から（ということは通常性において）軍国主義でかたまり、軍人精神の権化で、神州不滅・尽忠報国で、敗戦ときいたらとたんに自殺しそうな言動をしていた人たちなのだが、この人たちが一瞬にしてがらりと変った記録である。

第一、だれも驚かない、ということは心底では既定の事実だったわけである。

第二が、いまの秩序をそのまま維持し、責任を負うことなく特権だけは引きつづきうけようという態度で、敗戦といわず「我々は大命に依り戦い、大命に依り戦いを終わるのだから軽はずみな事をするな」と訓示し、戦争および戦場における一切の責任を「大命」すなわち天皇に帰して、自己を免責にする。

第三がすぐ、私物の整理すなわち、自分のもっている物の確保で、そのためには、当然の義務である降伏に関する公務さえ放棄する。

第四が、その念頭にあるのは日本に帰ったときの日常生活のこと、「戦いの事はもうすっかり忘れたという態度で、東京にある家作の心配をしきりにしていた」というわけである。

一方、司令官の方は、この時期になお「自己の責任」で処理することを回避し、セブの上級者の命令に基づいて降伏しようとする。いわばこの降伏はあくまでも「命令」によるのであって、自分の責任ではないという形式をととのえるのを第一とする。もちろん抗戦の意志はなく、すぐ降伏したいが責任は負いたくないのであって、上級者がもし大命に反対して徹底抗戦を命じたら、それに従うということではない。

以上のすべては、一言でいえば「小市民的価値観を絶対とする典型的な小市民的生活態度」であって、戦場で一個軍団を指揮する者、またはその作戦を立案する者の心的態度ではない。そして簡単にいえば、一旅行者の目にうつった、軍人なる人間の社会の通常性・日常性がこれであり、それを見せる記述が意外性になっているわけである。

この通常性・日常性は、昭和十二―三年ごろの『旅』などに表われる日常性と同じであり（当然のことだが）、またかつての学生運動の闘士が、その〝終戦〟と同時に就職して行ったときの態度とも同じである。

先日、あるセミナーで、日本軍降伏時のこの心的態度の不思議さについてこの例も含めて、話したところ国際基督《キリスト》教大学のH教授が非常に驚いた顔をして、それは前記の学生の態度(三)と全く同じだと述懐された。同時にその席にいて、同経験をもつ教授たちのすべてが、「いや、あのときのことを言われているような錯覚を抱く」とさえ言った。

だがこの学生たちの心情は、むしろPW帰国のときに、帰国後の生活に自信のない者が急に態度を変えたこととの方に似ているかもしれない――この話はしなかったが。

PWおとなしくなる

帰国がいよいよ決り、あと何日となると、今まで威張《いば》っていた連中が段々萎《しお》れてきた。彼等の心境を研究してみると、日本へ帰ってから生活してゆく自信がないからだ。今まで小さくなっていた社会的経験者、時代に合った職業、腕を持つ人だけが本当に明朗になり自信に満ちた喜びを味わっている。今までこれらの人にけんもほろろだった連中は急に頭を下げ出した。面白い様でもあり、気の毒でもある。

こういう例は実に多く見た。ちょうど昨日まで教授を「テメエ」呼ばわりしていた者が、急に、手のひらをかえしたようにいんぎんに就職の推薦をたのみに来るに等しい情景にも、何回かぶつかった、という。

従ってこの通常性・日常性の基本は、少なくとも過去半世紀の間は、全く無変化であり、日本人の確固たる〝現代思想〟だと言ってよい。

ではこういった「小市民的価値観を絶対とする典型的な小市民的生活態度」を通常性・日常性とすることは、恥ずべきことなのであろうか。それとも、こういう日常性への不動の信念をもちつつ、「或る何かの力」に拘束されて、自分が軍人か闘士であるかの如き虚構の態度をとることが恥ずべきことなのであろうか？

私自身は、その人がどんな〝思想〟をもとうとその人の自由だと思うが、ただもし許されないことがあるなら、自己も信じない虚構を口にして、虚構の世界をつくりあげ、人びとにそれを強制することであると思う。簡単にいえば、日本の滅亡より自分の私物が心配なら軍人になるのをやめ、日本の運命より家作が心配なら、はっきりとそう言ってその言明にふさわしい行動をとればそれで十分だということである。

ただ明治以来、「或る力」に拘束され、これを「明言」しないことが当然視されてきた。いわば自分のもつ本当の基準は口にしてはならず、みな、心にもない虚構しか口にしない。これは実に、戦前・戦後を通じている原則である。

軍人が、あるいは当時日本を支配していたマスコミが、戦争が終った瞬間にだけ出てきた上記のような正直そのものの発言をはじめからしていれば、戦争にはなりえない。「地位が安泰で恩給その他が保障され、家作があればそれで十分で、それらが確保できるかできないかが、最も大きな関心事です」が全員の真意なら、これは戦争どころではあるまい。

では小松氏が記しているこのことは、例外なのであろうか。絶対にそうではないのであって、私が直接に接した将校はみな小松氏が記している通りの存在であった。もちろん例外者はいるであろう。しかしその例外者の行動は、それこそ、「人が犬に……」に似た事件であり、それなるがゆえにニュースになり得ても、その意外性が通常性ではない。いわば通常性の基準が違うことの証明にすぎないのである。そしてこれは、前述の教授と語り合うと、学生運動でもまさに同じである。

以上、いろいろと記して来た。そしてこの『虜人日記』が、はじめから終りまで、さまざまの実例で強く訴えているものは、結局、何であったのか――何かの「力」が作用したため何かが欠け、そのためあのような事態を招来したと小松氏は言っているのであろうか。

さまざまなことがいえる。そしてその基本にあるものの一つが、以上にのべた明治以降の奇妙な「通常性を把握しないことを通常性」とする性向、いわば、ある力に拘束されて自己の真の規範を口にできず、結局は、自分を含めてすべての人を苦しめる「虚構の自己」を主張することが通常性になっているためと仮定するなら、その拘束力を排除できなかったのは何のゆえで、何が欠如してそうなり、何を回復すればそれが克服できるのであろうか？

答は非常に簡単である。その「鍵《かぎ》」は「自由」であろう。この本の魅力の一つは、小松氏が天性の自由人であり、記されていることが全くの「自由な談話《フリー・トーキング》」だということである。見たまま、聞いたまま、感じたまま、それを全く自由と、何の力にも拘束されず、何の力も顧慮せずに、氏は記している。小松氏といえども、ジャングルでは、このように「記し」得ても、これをそのまま自由に語ることはできなかったであろうが、もしすべての人に、この自由な談話《フリー・トーキング》が常にできるなら、おそらく、太平洋戦争のような、全く意味不明の事件は、二度と起らないであろう。

先日あるアメリカ人の記者と話し合った。私は、キッシンジャーが、日本の記者はオフレコの約束を破るからと会見を半ば拒否した事件を話し、これは、言論の自由に反することではないか、ときいた。これに対して彼は次のようなまことに面白い見解をのべた。

人間とは自由自在に考える動物である。いや際限なく妄想を浮べつづけると言ってもよい。自分の妻の死を願わなかった男性はいない、などともいわれるし、時には「あの課長ブチ殺してやりたい」とか「社長のやつ死んじまえ」とか、考えることもあるであろう。

しかし、絶えずこう考えつづけることは、それ自体に何の社会的責任も生じない。事実、もし人間が頭の中で勝手に描いているさまざまのことがそのまま活字になって自動的に公表されていったら、社会は崩壊してしまうであろう。

また、ある瞬間の発想、たとえば「あの課長ブチ殺してやりたい」という発想を、何かの方法で頭脳の中から写しとられたら、それはその人にとって非常に迷惑なことであろう。というのは、それは一瞬の妄想であって、次の瞬間、彼自身がそれを否定しているからである。もしこれをとめたらどうなるか、それはもう人間とはいえない存在になってしまう。

「フリー」という言葉は無償も無責任も意味する。いわば全くの負い目をおわない「自由」なのだから、以上のような「頭の中の勝手な思考と妄想」は自由思考《フリー・シンキング》と言ってよいかもしれぬ。いまもし、数人が集まって、自分のこの自由思考《フリー・シンキング》をそれぞれ全く「無責任」に出しあって、それをそのままの状態で会話にしてみようではないか、という場合、簡単にいえば、各自の頭脳を一つにして、そこで綜合《そうごう》的自由思考をやってみようとしたらどういう形になるか、言うまでもなくそれが自由な談話《フリー・トーキング》であり、これが、それを行〔な〕う際の基本的な考え方なのである。

従って、その過程のある一部、たとえば「課長をブチ殺してやりたい」という言葉が出てきたその瞬間に、それを記録し、それを証拠に、「あの男は課長をブチ殺そうとしている」と公表されたら、自由な談話《フリー・トーキング》というもの自体が成り立たなくなってしまう。

とすると、人間の発想は、限られた個人の自由思考《フリー・シンキング》に限定されてしまう。それでは、どんなに自由に思考を進められる人がいても、その人は思考的に孤立してしまい社会自体に何ら益することがなくなってしまうであろう。

だからフリー・トーキングをレコードして公表するような行為は絶対にやってはならず、そういうことをやる人間こそ、思考の自由に基づく言論の自由とは何かを、全く理解できない愚者なのだ、と。

要約すれば、彼の言ったことは、以上の通りであった。そして、この『虜人日記』のすべてを通じて、自由人の小松氏が、負の形で描き出したものは結局、自由という精神のない世界、従って「自由な談話《フリー・トーキング》」が皆無で、そのため、どうにもならなくなり、外部からの強力な打撃で呪縛の拘束が打ち破られて、そのとき、その瞬間だけその通常性の表出を可能にする世界だったわけである――「軍の計画はその意気を示すだけである」……これは軍人そのものの性格ではない、「日本陸軍を貫いている或る何かの力が軍人にこうした組織や行動をとらしめているのだ」。

前述のようにこの力が貫いていたものは、軍人だけでなく、全日本人であり、それは昔も今も変りはない。その力はどう作用しているのか、一言でいえば、各人の自由を拘束している、これは、その力なのである。

戦後は「自由がありすぎる」などという。御冗談を！　どこに自由と、それに基づく自由思考《フリー・シンキング》と、それを多人数に行〔な〕う自由な談論《フリー・トーキング》があるのか、それがないことは、一言でいえば、「日本にはまだ自由はない」ということであり、日本軍を貫いていたあの力が、未《いま》だにわれわれを拘束しているということである。

注一　組織で、地位が下の者。〝同等〟ニュアンスの「同僚」に対する語。
注二　小谷秀三《こたにひでぞう》氏の私家本『比島《ひとう》の土』(昭和四九〔一九七四〕年二月刊)。
注三　ここの「前記の」とは、「学生運動の闘士が、その〝終戦〟と同時に就職して行ったときの態度」を指す。

附註者として
あとがきにかえて

兵士であるのに戦場にも着けず、海の中に消え、餓死し、住民に虐殺され、人肉を喰《く》らうところまで追いつめられ、また食われた人々。

彼らに「安らかに眠れ」とは言えない。

たとえ若く、鍛えた身体《からだ》でも、衰弱すれば自ら便を出すことさえ不可能になる。そのような兵士の便を、陸軍少尉山本七平は、ルソンの戦場で搔《か》き出した。その兵士は手を合わせて死んだそうである。

敗戦の、原因と責任者の究明は、未《いま》だ終わっていない。しかし、それをしなければ、また地獄を見る日が来るのではないか。

本書の出版に関しては、「山本七平先生を囲む会」の、柴田瞭《あきら》、山田尚道《たかみち》、渡部陽司《わたなべようじ》氏等々の協力と、角川書店の伊達百合《だてゆり》、滝澤恭平両氏の御尽力を得た。各氏に感謝するとともに、小松真一氏の御遺族に、厚く御礼申し上げたい。

平成一六年二月、イラク報道に接しながら

横川太一《たいち》（山本七平先生を囲む会）

初出：　野性時代一九七五年四月号〜一九七六年四月号に連載

本書には、今日の人権擁護の見地に照らして、不当・不適切と思われる表現がありますが、本書の性質や作品発表時の時代背景を鑑み一部を改めるにとどめました。

（編集部）

山本七平（やまもと・しちへい）
評論家。ベストセラー『日本人とユダヤ人』を始め、「日本人論」に関して大きな影響を読書界に与えている。1921年生まれ 1942年青山学院高商部卒。砲兵少尉としてマニラで戦い捕虜となる。戦後、山本書店を設立し、聖書、ユダヤ系の翻訳出版に携わる。1970年『日本人とユダヤ人』が300万部のベストセラーに。『私の中の日本軍』『日本教の社会学』『帝王学』『昭和天皇の研究』『聖書への旅』『論語の読み方』など多数の著書を刊行し、日本文化と社会を批判的に分析していく独自の論考は『山本学』と称され、日本文化論の基本文献としていまなお広く読まれている。1991年没（69歳）。

日本《にほん》はなぜ敗《やぶ》れるのか——敗因21カ条

山本七平《やまもとしちへい》

二〇〇四年三月 十 日 初版発行
二〇〇四年六月二十五日 四版発行

発行者 田口惠司
発行所 株式会社角川書店
東京都千代田区富士見二―十三―三
〒一〇二―八一七七
振替〇〇一三〇―九―一九五二〇八
電話 営業 〇三―三二三八―八五二一
編集 〇三―三二三八―八五五五

装丁者 緒方修一（ラーフイン・ワークショップ）
印刷所 暁印刷
製本所 株式会社コオトブックライン
落丁・乱丁本は小社受注センター読者係宛にお送りください。
送料は小社負担でお取り替えいたします。

ISBN4-04-704157-2 C0295 角川oneテーマ21 A-31

A-26
快老生活の心得
齋藤茂太
いきいき老いるための秘訣は身近なところに隠れている。ちょっとした意識改革で老後が楽しくなる。精神科医にして「快老生活」を満喫する著者の快適シニア・ライフ術。

A-22
一〇〇歳までの上手な生きかた
稲垣元博
夫や妻を寝たきりにせず、健康で楽しく老後を過ごすためのエッセンスが満載。医師である著者が、自ら実践する〈一〇〇歳まで生き抜くための健康法〉を公開する。

A-25
大往生の条件
色平哲郎
長野の無医村に赴任した医師が、村の住民から学んだ老後の生き方と看取りの作法。そして「ピンピンコロリの大往生」とは。現代日本の医療問題を考えさせる一冊。

B-40
ひらがなで読むお経
大角　修
ひらがなで書かれた異色のお経本。色即是空から食事の作法まで、人生作法に密着した癒しと、励ましにみちた23のお唱えを収録。お経の解説と「言葉小事典」付き。

A-29
老い方練習帳
早川一光
よりよく老いるためには、ちょっとしたコツがあります。毎日の生活、夫と妻、家族、嫁、孫まで。老いるための心構えのための練習帳。年を重ねるのが楽しくなります。

A-28
五〇歳からの人生設計図の描き方
河村幹夫
ちょっとした知恵で人生が劇的に変わる。「週末五〇〇時間活用法」で毎日を有効に使いませんか。納得できる人生最終章の夢を実現しよう。まだ、間に合います！

B-42
健康診断・人間ドック「気になる」疑問
鷲崎　誠
「正常値」は信用できるのか、病気は全部見つかるのか。ささやかな疑問からウラ事情まで、健診・ドックの真実。ひと目で分かる、病気別検査項目〈信頼度ランク付き〉。

B-9
ホンモノの日本語を話していますか？
金田一春彦
国語学を究めて六〇年の著者が教える、おもしろくてためになる日本語の知識。身近な言葉に秘められた力。読むだけで自信がつく、ベストセラー、究極の日本語教室。

B-17
日本語を反省してみませんか
金田一春彦
好かれる日本語とダメな日本語の差は？「常識度」模擬試験で言葉のカン違いを再確認できる日本語練習帳。全国公立、有名私立高校試験問題採用のベストセラー。

B-41
新しい日本語の予習法
金田一秀穂
海外で日本語教師として指導してきた著者が「話し方」の快適なルールを紹介。普段なにげなく使う日本語を原点から改めて見直してみる、ちょっとした日本語革命。

B-24
その日本語、通じていますか？
柴田　武
知っておきたい伝えるための日本語力。［上手な話し方］の戦略4カ条、戦術6カ条。メール時代のローマ字問題、敬語のことまで、正しい日本語とは何かを考える内容。

B-45
アナウンサーの話し方教室
テレビ朝日アナウンス部
現役アナウンサーたち公認の「理想の話し方」実践読本。仕事や日常会話でも役に立つ、ちょっとした会話術のヒントが満載。〈会話が苦手〉とお悩みの方、必読の一冊。

B-48
ビジネス文完全マスター術
篠田義明
企画書、報告書、レポート、提案書、小論文まで、文章が苦手な人でも、分かりやすい文章が書ける〈書き方の技術〉を公開。要領がいい実用文の基本の基本が分かる。

B-49
経済用語がスラスラわかる本
岩崎博充
ビジネスマンのためのコンパクトな経済入門書。日経新聞、会社四季報などをすぐ読めるようになる経済用語を解説、ビジネスのサブテキストとして活用できる。

角川oneテーマ21

A-30
スルメを見てイカがわかるか！
養老孟司
茂木健一郎
「覚悟の科学者」養老孟司と「クオリアの頭脳」茂木健一郎がマジメに語った脳・言葉・社会。どこでも、いつでも通用するあたりまえの常識をマジメに説いた奇書！

B-39
お江戸週末散歩
林家こぶ平
生粋の江戸っ子落語家がおくる、気ままな江戸タイムスリップの楽しみ。赤穂義士の足跡、味覚巡り、今も脈々とある「江戸時間」を堪能できる。プチ江戸散歩の本。

C-71
長寿村の一〇〇歳食
永山久夫
ボケを防いで長生きする秘密は「食」にあり。全国の長寿村の地域に根ざした食生活の秘密をわかりやすく解説。いきいき老いるための〝食事レシピ〟を探った一冊。

C-70
清福と貪欲の日本史
――日本人の本道とは何か
百瀬明治
かつて日本には分相応の暮らしがあり、世俗を捨て、悟りの境地に豊かさを求める精神文化があった。日本を築いた人物に視点をあて「日本人」の本道を考える。

C-69
日本人大リーガーに学ぶメンタル強化術
高畑好秀
イチロー、佐々木、松井、日本人大リーガー成功の裏には秘密のトレーニング方法があった！　現役トレーナーが説くビジネスマンのための成功の法則。

C-68
ひっそり始める「禁煙」実践ガイド
高信太郎
超ヘビースモーカーだった筆者の体験をまとめた実践的禁煙ガイド！　禁煙に何度も失敗した人、密かに禁煙したいヘビースモーカーのための禁煙・絶煙マニュアル！

B-43
三色ボールペン情報活用術
齋藤　孝
「整理術」からクリアな「活用脳」へ。手帳術・メモ力・図化力を鍛え、高速資料チェック法を完全マスター。三色ボールペン方式で身につける画期的なビジネス情報術。

C-67
相手の「ホンネ」を知る技術
植西 聰
人間関係は、お互いの心が通じ合ってこそ、うまくいく。そのためには、相手の心を想像する力が必要だ。相手に本音を語らせ、その心中を見抜く技術を体得できる一冊。

C-66
たった5日でできる禁煙の本
林 高春
誰でも簡単にできる禁煙法。タバコはニコチンが悪いのではなく、煙が健康に悪い。〝禁煙の名医〟が、科学的な事実をもとにすぐに禁煙できる方法を伝える。

C-64
ビルマ軍事政権とアウンサンスーチー
田辺寿夫
根本 敬
日本とビルマの歴史、軍事政権の弾圧を逃れて日本で暮らす人たちの姿からビルマとの〝発展的関係〟を考えるための良書。軍事クーデターから15年、ビルマの今は？

C-63
女は男のそれをなぜセクハラと呼ぶか
山田秀雄
セクハラが自分と無関係と信じている全国のサラリーマン必読。男と女の意識のズレが生み出すナンセンスな悲劇を未然に防止。あなたの「セクハラ度」チェック付き。

C-62
自己破産の現場
岡崎昂裕
過去10年の自己破産件数が１００万件を突破。債権者の破産妨害工作、悪徳弁護士の横行、民事再生法の行方等、破産をめぐる壮絶なる実態とその再生への現場を描く！

C-61
他人の心を知るということ
金沢 創
「他人の気持ちがわからない」。あなたをこの呪縛から解き放す、画期的なコミュニケーション論が登場。「心が通じ合う」ことの謎と不思議さが解明される必読の一冊。

A-27
勝負師の妻
――囲碁棋士・藤沢秀行との五十年
藤沢モト
アル中、女性、ギャンブルなど放蕩三昧の生き方を貫いた天才棋士・藤沢秀行。そのもっとも恐れる妻が明かした型破りな夫婦の歩みと、意外な人間像を描いた一冊。

角川oneテーマ21

B-18
英語「超基本」を一日30分!
尾崎哲夫
英語を徹底的にやり直し、しっかりした土台を築き上げてみませんか? 基本の基本のポイントを再確認する新しい英語学習法。話題の20万部突破のベストセラー。

B-23
英会話「これだけ」音読一日30分!
尾崎哲夫
「超基本」からやり直す、声に出せば英語が身に付く! 20万部のベストセラー「超基本」シリーズ待望の第2弾。圧倒的にわかりやすい、基本の基本の英会話学習法!

B-25
「超基本」の英単語
尾崎哲夫
ベストセラー「超基本」シリーズ待望の第3弾の単語編。英単語を徹底的にやり直すための必携バイブル。英語のリズムと英単語が自然に記憶に刻まれる最新英語学習法。

B-22
もっと話せる絶対英語力!
岡本浩一
やさしい会話表現の正しい使い方から、英語圏の社会マナー、ビジネス交渉までワンランク上の英会話をマスターしよう。「正確な英会話」の超最短プログラム。

B-37
英熟語速習術
——イメージ記憶ですぐ身につく940熟語
晴山陽一
英熟語についている前置詞、副詞をもとに徹底分類。意味から覚えて脳を刺激する独自の暗記法。「超速」ファン待望の英熟語集。絶対に忘れない覚え方を伝授します。

B-51
昇格する!論文を書く
宮川俊彦
30万人を超える論文を分析してきた著者が初めて明かす、昇進・昇格できる論文の書き方。実際に著者が読み、評価した大手企業の昇進昇格論文の実例を挙げながら解説。

B-50
大人のための文章法
和田秀樹
精神科医・和田秀樹の初の文章論。灘高で「国語の落ちこぼれ」だった筆者がどのようにしてベストセラーを書けるだけの文章力をつけたか、その秘密を公開する。